im Röntgenbild

Meinen Eltern
Prof. Dr. Werner Bohndorf und
Eva-Renate Bohndorf, geb. Fricke,
in Dankbarkeit gewidmet

Knochenläsionen im Röntgenbild

Systematisch analysieren und richtig diagnostizieren

Klaus Bohndorf
unter Mitarbeit von Wolfgang Fischer

Geleitwort von Volker Ewerbeck

89 Abbildungen, 20 Tabellen
11 praktische Übungen

1995
Georg Thieme Verlag
Stuttgart · New York

Prof. Dr. med. K. Bohndorf
Dr. med. W. Fischer
Klinik für Diagnostische Radiologie
und Neuroradiologie
Zentralklinikum Augsburg
Stenglinstr. 2, 86356 Augsburg

Röntgenskizzen und Umschlaggrafik:
Markus Voll, Fürstenfeldbruck

*Die Deutsche Bibliothek –
CIP-Einheitsaufnahme*

Bohndorf, Klaus:
Knochenläsionen im Röntgenbild : systematisch analysieren und richtig diagnostizieren ; 20 Tabellen, 11 praktische Übungen / Klaus Bohndorf. Unter Mitarb. von Wolfgang Fischer. Geleitw. von Volker Ewerbeck. – Stuttgart ; New York : Thieme, 1995

Satz: Dr. Ulrich Mihr GmbH, Tübingen
Druck: Grammlich, Pliezhausen
Buchbinder: Held, Rottenburg

ISBN 3-13-101451-2

1 2 3 4 5 6

Geleitwort

Die durch das Gesundheitsstrukturgesetz festgeschriebene erweiterte Dokumentationspflicht beinhaltet de facto lediglich lange bestehende Notwendigkeiten. Sie wird nicht nur die Basis der ökonomischen Existenz aller Krankenhäuser, sondern vor allem Grundlage für wissenschaftlichen Fortschritt und Qualitätssicherung sein. Zwar ist längst erkannt, daß hierfür die Existenz vereinbarter medizinischer Standards unverzichtbar ist, jedoch liegen diese in den meisten Fachgebieten noch in weiter Ferne.
Im vorliegenden Buch wird der Leser in überzeugender Weise an eine vereinheitlichte Nomenklatur der Skelettradiologie herangeführt – dies ist der Schritt, der Qualitätssicherung erst möglich macht. Die Beschreibung eines radiologischen Befundes („Describe", eines der fünf „D") setzt allerdings die Fähigkeit zu eigenen Formulierungen voraus. In einer Zeit, in der Kommunikation generationsunabhängig ersetzt wird durch den Konsum von Talkshows, ist dies auch bei Medizinern eine erkennbar seltener werdende Gabe. Dem Autor sei Dank dafür, daß er sich mit so viel didaktischem Schwung der Mühe unterzogen hat, gegen um sich greifende sprachliche Disziplinlosigkeit anzugehen. Ihm als präzisionsliebendem Gesprächspartner haben die zunehmenden Artikulationsschwierigkeiten vieler Mitmenschen gottlob nicht die Sprache verschlagen. Die avisierte Zielgruppe kann mühelos ausgeweitet werden auf Doktoranden, die bildgebende Dokumente auswerten sollen, deren Betreuer, die sich eine eher intuitive Bildbeurteilung angewöhnt haben, sowie Fachärzte, denen bei Anwendung der vorgeschlagenen systematischen Bildanalyse wohl das eine oder andere Arzthaftungsverfahren erspart geblieben wäre. In diesem Sinne sei den angesprochenen Leserkreisen gewünscht, daß sie dieses Buch rechtzeitig entdecken.

Heidelberg, im Frühjahr 1995 V. Ewerbeck

Vorwort und Danksagung

Dieses Buch entstand auf der Grundlage von Vorlesungen an der Universität Wien, die ich im Rahmen einer Gastprofessur gehalten habe. Mein Thema, die systematische Analyse von Skelettläsionen im Röntgenbild, fand ein überaus interessiertes Publikum. Der Wunsch, meine Notizen zu kopieren, war groß, so daß ich mich entschlossen habe, sie zu einem Kompendium auszuarbeiten.
Das Buch wendet sich an Ärzte/Ärztinnen, die einen Einstieg in die Skelettradiologie suchen, zudem an interessierte Studenten/Studentinnen im fortgeschrittenen Stadium der Ausbildung. Es ist als Basistext gedacht und schafft Zugang zu den Zeichen und Begriffen der Skelettradiologie, indem diese definiert und illustriert werden. Es wird ein Weg aufgezeigt, wie Röntgenzeichen zu werten sind und was sie hinsichtlich Wachstumsrate und Differentialdiagnose aussagen können. Deskription und Analyse von Röntgenzeichen sind kein Selbstzweck, sondern nur sinnvoll, wenn das Ziel, die Diagnose, fest im Auge behalten wird.
Bei der Erarbeitung und Gestaltung des Buches sind wir neue Wege gegangen. Mein Mitarbeiter, Dr. Wolfgang Fischer, hat den Text hinsichtlich Verständlichkeit, Vollständigkeit und unter didaktischen Gesichtspunkten intensiv bearbeitet. Der Text wurde auf das Notwendigste beschränkt, die Illustration steht im Vordergrund. Herr Dr. Fischer hat sich zudem unter Verwendung moderner Software die Mühe gemacht, Text, Skizzen und Abbildungen so zusammenzustellen, daß eine bestmögliche Verbindung unter Berücksichtigung des Buchformates gewährleistet ist. Auch die Idee der „exemplarischen Beispiele" und der „Übungen" stammt von ihm.
Mein Dank gilt Prof. Dr. H. Imhof, Prof. Dr. G. Lechner und Frau H. Fischer für die Einladung nach Wien, die wundervolle Betreuung und die Bereitstellung von Arbeitsmöglichkeiten.
Herr Dr. R. Dorn, Institut für Nuklearmedizin am Zentralklinikum Augsburg, hat entscheidende Anregungen für das Kapitel „Bildgebende Verfahren" beigesteuert.
Meine Sekretärin, Frau I. Drumm, hat große Teile des Manuskripts geschrieben. Herrn U. Buhl ist bei der Erstellung der gesamten radiologischen Bildvorlagen Außerordentliches gelungen. Der Graphiker, Herr M. Voll, hat meine Vorstellungen in hervorragende Skizzen umgesetzt.

Herr Dr. T. Scherb vom Georg Thieme Verlag sei besonders erwähnt. Intensive und anregende Diskussionen über das Buchkonzept sowie die Ausübung des notwendigen sanften Drucks haben dazu geführt, daß dieses Buch letztendlich entstand. Herr R. Zepf hat dafür gesorgt, daß dieses Buch die Hürde vom Manuskript zum Buch mit Bravour genommen hat.

Allen sei an dieser Stelle aufs herzlichste gedankt.

Augsburg, im Frühjahr 1995 Klaus Bohndorf

Inhaltsverzeichnis

1. Einleitung

Was will dieses Buch?

Das vorliegende Buch befaßt sich mit der systematischen Analyse von pathologischen Veränderungen im Röntgenbild. Der Leser/die Leserin soll die unmittelbar auf Diagnosen ausgerichtete Betrachtungsweise eines Röntgenbildes („Hüftschußdiagnose“) vergessen, bei der er/sie im Kopf alle ihm/ihr bekannten Krankheitsentitäten „abfragt“ und überprüft, ob sie zum vorliegenden Befund „passen“. Gleiches gilt für den Versuch, sich an ähnliche Röntgenmorphologien zu erinnern. Dieses Verfahren ist nur Beurteilern von bildgebenden Methoden mit sehr großer Erfahrung und ständiger Auseinandersetzung mit der Skelettradiologie möglich. In diesem Buch wird ein anderer Weg eingeschlagen und der Leser angehalten, ihn zu „trainieren“: Im Mittelpunkt steht das Röntgenbild, das systematisch analysiert wird. Die erarbeiteten Röntgenzeichen werden einer ersten Wertung unterzogen (schnelles/langsames Wachstum, benigne/maligne), und können dann in einer groben nosologischen Klassifikation eingeordnet werden. Schließlich ist es in der Praxis weitaus wichtiger, einer Läsion anzusehen, daß sie aggressiv wächst, als den Unterschied zwischen Fibro- und Hämangiosarkom zu kennen.

Ziel der systematischen Erfassung der einzelnen Röntgenzeichen ist:
- vollständige und systematische Analyse des Röntgenbefundes,
- Unabhängigkeit der Beurteilung von der Assoziation zu früher diagnostizierten Fällen und klinischen Angaben; letztere dürfen nur eine Ergänzung darstellen.

Die Weisheit beginnt erst mit der Definition von Begriffen, hat uns der griechische Philosoph Sokrates gelehrt. Es ist für den Erfahrenen immer wieder erstaunlich, wie schwierig es für weniger Geübte ist, in Röntgenbildern sichtbare Dinge auch richtig und einheitlich zu benennen. Der genauen Definition radiologischer Termini wird deshalb in diesem Buch viel Raum gegeben.

Bei der Durchsicht des Buches kann der Leser den Eindruck gewinnen, die Knochentumoren nähmen – in Anbetracht ihrer Seltenheit – einen zu breiten Raum ein. Schließlich richtet sich das Buch in erster Linie an in der Weiterbildung stehende Assistenzärzte und Studenten. Zwar ist es richtig, daß man in der Praxis vor allem den primären Knochentumoren ausgesprochen selten begegnen wird. Die umschriebene Knochenläsion ist jedoch häufig, und somit ist ihre Differentialdiagnose alltäglich. Daher muß *jeder* radiologisch tätige Arzt die malignitätsverdächtigen Röntgenzeichen erkennen und sie von benignen trennen können; die genaue Zuordnung zu einem bestimmten Tumor ist tatsächlich nicht selten untergeordnet (und oftmals auch für den Spezialisten unmöglich).

Bildgebende Verfahren (Übersicht)

Konventionelles Röntgenbild

Prinzip: Aufgrund ihrer unterschiedlichen Röntgendichte werden Gewebe, die Luft, Wasser, Fett oder Calcium enthalten, im Röntgenbild gegeneinander abgrenzbar.
Hauptindikationen: Grundsätzlich erstes bildgebendes Verfahren bei der Abklärung von Skelettveränderungen (Ausnahme: s. Skelettszintigraphie).
Stärken: Ideale Suchmethode bei vom Patienten klar lokalisierten Schmerzen, bei umschriebener Schwellung, Rötung etc. Die Methode mit der höchsten Ortsauflösung; daher können auch subtile Veränderungen erkannt werden. Schnelles, überall verfügbares, kostengünstiges Verfahren mit niedriger Strahlenexposition.
Schwächen: Aufgrund des Summationseffektes immer Überlagerung aller im Strahlengang enthaltenen Knochenabschnitte sowie der Weichteile.

Konventionelle Tomographie

Prinzip: Während einer Röntgenaufnahme mit langer Belichtungszeit werden Röntgenröhre und -film derart gegeneinander bewegt, daß nur das Bild einer Körperschicht auf dem Film in Ruhe verbleibt und damit scharf abgebildet wird. Alle höher oder tiefer gelegenen Schichten werden hingegen verwischt.
Hauptindikationen: Suche nach diskreten Frakturlinien, Suche nach Sequestern, Darstellung der Matrix und der Berandung fokaler Knochenläsionen.

Stärken: Hauptvorteil gegenüber der CT sind die sagittalen oder frontalen Schichtebenen (z. B. bei der Frage nach einer Densfraktur).
Schwächen: Vollständige Überlagerungsfreiheit nicht möglich. „Unscharfer" Bildeindruck.

Computertomographie (CT)

Prinzip: Eine transversale Körperebene wird mittels einer rotierenden Röntgenröhre in vielen hundert Richtungen durchstrahlt und die Schwächung der Röntgenstrahlen gemessen. Anschließend werden durch einen Computer die Röntgendichten der im Körperabschnitt enthaltenen Volumenelemente berechnet und so ein Transversalschnittbild rekonstruiert.
Hauptindikationen: Wesentlichste Indikation in der Skelettradiologie ist heute das Trauma (Frakturen von Mittelgesicht, Orbitaboden, Wirbelsäule, Becken, Kalkaneus). Weitere Indikationen sind der Nachweis freier Gelenkkörper und Tumoren der Wirbelsäule.
Stärken: Hohe Dichteauflösung. Gewebetypisierung (fettig, flüssig, solide) möglich. Überlagerungsfreie Darstellung des gesamten Körperquerschnitts. Weichteilprozesse werden dargestellt.
Schwächen: Bewegungs- und Aufhärtungsartefakte (unwesentlich). Die Indikationsbreite der CT ist deutlich rückläufig, da sich die MRT bei nichtakuten Fragestellungen durchgesetzt hat.

Angiographie

Prinzip: Durch Injektion röntgendichter Kontrastmittel in das (arterielle oder venöse) Gefäßsystem werden Gefäße im Röntgenbild direkt sichtbar gemacht.
Hauptindikationen: Im Bereich der Osteoradiologie heute nur sehr selten eingesetzt, da die Frage nach der Durchblutung einer Läsion durch die 3-Phasen-Szintigraphie beantwortet werden kann. Einzige Indikation: exakte Darstellung der Tumorgefäßversorgung im Rahmen einer Therapieplanung.
Stärken: Exakteste Darstellung des Gefäßsystems.
Schwächen: Liegezeit von mindestens sechs Stunden nach arterieller Punktion. „Invasives" Verfahren.

Magnetresonanztomographie (MRT)

Prinzip: Die im Körper reichlich vorkommenden Wasserstoffprotonen werden in einem starken Magnetfeld (teilweise) ausgerichtet. Durch Einstrahlung eines Hochfrequenzimpulses wird diesen Protonen Energie zugeführt, sie werden „ausgelenkt". Nach Abschalten des Impulses kehren sie in einen niederenergetischen Zustand zurück und geben dabei Energie ab, die mit hochempfindlichen Sensoren aufgefangen werden kann. Diese so gewonnenen Signale werden zu einem Bild verarbeitet (kompliziert!).
Hauptindikationen: Trauma (spongiöse Frakturen, Weichteile, Gelenke), Entzündungen, Staging von Tumoren, ischämische Erkrankungen (Diagnose, Ausdehnung, Vitalität), Degeneration (Gelenke).
Stärken: Beliebige Wahl der Schnittebenen. Gewebetypisierung präziser als mittels CT. Keine bekannten Nebenwirkungen.
Schwächen: Relativ zeitaufwendig, viel Erfahrung zur Interpretation notwendig.

Sonographie

Prinzip: Die Methode basiert auf der Tatsache, daß in den Körper eingestrahlte Ultraschallwellen an den Grenzflächen von Geweben reflektiert werden. Die Zeitverzögerung, nach der die Schallwellen wieder im Schallkopf eintreffen, hängt von der Entfernung der reflektierten Struktur ab. Man erhält daher eine Information über die Gewebezusammensetzung, die sich zu einem Bild verarbeiten läßt.
Hauptindikationen: Obgleich die Sonographie aus kaum einer medizinischen Disziplin wegzudenken ist, spielt sie in der Osteoradiologie eine untergeordnete Rolle, da Ultraschall nicht in Knochen eindringt und somit nur dessen Oberfläche dargestellt werden kann. Indikationen bestehen in der Abklärung periostaler Prozesse (z. B. Hämatome, Abszesse) sowie der Untersuchung von Weichteilbeteiligungen (Tumoren, Hämatome, Muskelverletzungen). So lassen sich z. B. bei der Osteomyelitis im Säuglings- und Kindesalter eine subperiostale Flüssigkeitsansammlung und ein Weichteilödem deutlich früher als die ossären Veränderungen nachweisen. Nicht zu vergessen ist auch die Sonographie der Gelenke (Schulter, Knie, Hand, Fuß).
Stärken: Überall verfügbar, kostengünstig, keine bekannten Nebenwirkungen.
Schwächen: Nur Knochenkontur darstellbar. Sehr untersucherabhängiges Verfahren.

Ganzkörper-Skelettszintigraphie

Prinzip: Allgemein wird bei der Szintigraphie eine radioaktive Substanz („Tracer") injiziert, anschließend wird die Verteilung der Radioaktivität und damit der Substanz im Körper mit einer Gammakamera gemessen und bildlich dargestellt. Die Verfahren unterscheiden sich durch die Wahl des Tracers sowie den Zeitpunkt der Messung(en). Bei der Skelettszintigraphie dienen als Tracer ^{99m}Tc-markierte Phosphatkomplexe (z. B. Methylendiphosphonat, MDP), die in Abhängigkeit von der Knochendurchblutung und dem Knochenstoffwechsel an die Knochenmatrix adsorbiert werden. Die Messung erfolgt etwa 2–4 Stunden nach i. v. Gabe des Tracers.
Hauptindikationen: Aufdeckung, Aktivitätseinschätzung und Verlaufsbeobachtung von Skelettveränderungen. Insbesondere unentbehrlich bei der Metastasensuche.
Stärken: Das ganze Skelett wird „mit einem Blick" erfaßt. Zudem hohe Sensitivität, so daß die Szintigraphie ein ideales Screeningverfahren darstellt. Für einige Erkrankungen (Morbus Paget, Osteomalazie, manche Metastasen) aufgrund des typischen Verteilungsmusters auch relativ spezifisch. Suchverfahren auch in der Traumatologie.
Schwächen: Im allgemeinen sehr unspezifisch.

3-Phasen-Skelettszintigraphie

Prinzip: Es handelt sich um eine erweiterte Form der Ganzkörper-Skelettszintigraphie. Auch hier dient als Tracer ^{99m}Tc-markiertes Tc-MDP. Messungen erfolgen zunächst alle 3 (Stamm) bis 5 (Extremitäten) Sekunden (Perfusionsphase, insgesamt 1 Minute), dann nach 5 Minuten (Blutpoolphase) und nach 2–4 Stunden (Mineralisationsphase). Die Messungen der Perfusions- und der Blutpoolphase erfolgen über einem bestimmten anatomischen Areal, abhängig von der Klinik. Während der Blutpoolphase sind prinzipiell auch Ganzkörperszintigramme möglich.
Hauptindikationen: Feststellung von Ausdehnung und Aktivität entzündlicher Skelettveränderungen. Verlaufsbeobachtung bei bekannten Läsionen. In Zusammenschau mit dem Röntgenbild: Erkennung von Osteonekrosen oder eines Morbus Sudeck.
Stärken: Hohe Spezifität für das Osteoidosteom. Aktivitätseinschätzung einer Läsion möglich.
Schwächen: Die interessierende Region muß vorher bekannt sein.

Knochenmarkszintigraphie

Prinzip: Tracer sind Mikrokolloide (Nanokolloide) aus ^{99m}Tc-markiertem Humanalbumin. Sie werden vom RHS des Knochenmarks gespeichert, so daß eine gleichförmige Aktivitätsbelegung des Knochenmarks resultiert und knochenmarksverdrängende Prozesse (z. B. Metastasen) als Belegungsdefekte in Erscheinung treten. Entzündungen imponieren hingegen als Areale vermehrter Speicherung, da die Kolloide das defekte Endothel passieren und sich im Extravasalraum anreichern.
Hauptindikationen: Bestimmung des Knochenmarkbefalls bei Systemerkrankungen (Lymphome, Plasmozytom), bei AIDS sowie bei myelotroper Metastasierung (z. B. kleinzelliges Bronchialkarzinom). Osteomyelosklerose.
Stärken: Sensitivität und Spezifität um 80–90%.
Schwächen: Anreicherung in Leber und Milz, dadurch Stammskelett teilweise nicht beurteilbar. Neue Alternative: ^{99m}Tc-markierte Granulozytenantikörper, die sich auch an die Vorstufen im blutbildenden Mark binden. Vorteil: geringe Anreicherung in Leber und Milz, sehr gute Darstellung des Knochenmarks. Aber: Aussparungsdefekte müssen weiter abgeklärt werden.

Leukozytenszintigraphie

Prinzip: Autologe Leukozyten werden isoliert, radioaktiv markiert und reinjiziert. Als Tracer dienen ^{111}In (Standardverfahren) oder ^{99m}Tc. Eine Sonderform der Leukozytenszintigraphie ist die Immunszintigraphie mit ^{123}J- oder ^{99m}Tc-markierten monoklonalen Granulozytenantikörpern.
Hauptindikationen: Erkennung akuter Entzündungen und Abgrenzung von chronischen Prozessen.
Stärken: Hohe Sensitivität und Spezifität (> 90%). Einschränkung: Im Wirbelkörper kann sich eine Entzündung sogar als Minderbelegung darstellen.
Schwächen: Aufwendiges und teures Verfahren. Bei der Markierung mit ^{111}In ist zudem die schlechte Verfügbarkeit des Radionuklids (Zyklotronprodukt) von Nachteil, bei der Benutzung des jederzeit verfügbaren ^{99m}Tc (Generatorprodukt) dessen schlechte Bindungsstabilität.

Entzündungsszintigraphie mit humanem Immunglobulin

Prinzip: Unspezifisches humanes Immunglobulin (HIG), markiert mit ^{99m}Tc, penetriert bei Entzündungen die Gefäßwand und bindet sich dann vermutlich an die F_c-Rezeptoren der Entzündungszellen.
Hauptindikationen: Entzündungsszintigraphie, wenn die Möglichkeiten zur Leukozytenmarkierung nicht vorhanden sind.
Stärken: Fraglich. Der Vorteil der geringeren allergischen Potenz im Vergleich zur Applikation monoklonaler Antikörper ist wahrscheinlich nicht relevant (Anaphylaxie nach IgG).
Schwächen: Unspezifische Bindung, seit der Zulassung der ^{99m}Tc-markierten Granulozytenantikörper allenfalls Preisvorteil.

2. Generelle Herangehensweise an Knochenläsionen

Aus dem Röntgenbild läßt sich vielfach die (Differential-)**Diagnose,** die Schnelligkeit des Wachstums einer Läsion **(„Wachstumsrate“),** die **Dignität** (benigne/maligne), aber auch das **Wesen** einer Erkrankung (systemische Erkrankung, umschriebene Läsion) ablesen. Darauf aufbauend kann nicht selten eine (Differential-)Diagnose erarbeitet werden. Einer der bedeutendsten Knochenchirurgen unserer Zeit, J. Ewing, hat dies so formuliert:
„The gross anatomy (as revealed in radiographs) is often a safer guide to a correct clinical conception of the disease than the variable and uncertain structure of a small piece of bone.“

Die fünf „D“

Im anglo-amerikanischen Sprachraum werden die grundlegenden Schritte der radiologischen Beurteilung einer Knochenveränderung mit den fünf „D“ umschrieben.

Detect
Describe
Discuss
Differential diagnosis
Diagnosis

Auf der Basis der fünf „D“ müssen folgende, grundlegende Fragen anhand von Röntgenbild, CT, MRT, Szintigramm etc. beantwortet werden:

„Detect“: *Wo* liegt eine pathologische Knochenveränderung vor? Dies ist zwar häufig offensichtlich, vielfach ist das Erkennen der Läsion jedoch die schwierigste Aufgabe; man denke z. B. an die Metastasensuche. Das Auffinden pathologischer Strukturen ist letztlich eine Sache der Erfahrung, weil man im Laufe der Zeit ein Engramm des Normalen – in all seinen möglichen Erscheinungsformen – entwickelt. Dennoch kann auch der weniger Geübte eine vergleichbare „Sensitivität“ erreichen, wenn er eine systematische Bildanalyse beachtet. Denn selbst zunächst übersehene Läsionen werden auf einmal deutlich erkennbar, wenn jemand darauf zeigt (Tab. 2.**1**).

> **Beachte:**
> Der Anfänger schaut zunächst auf die Spongiosa, der Erfahrene auf Kortikalis und Weichteile.

Tabelle 2.**1** Checkliste bei der Suche nach Knochenläsionen

Aufnahmetechnik	
Belichtung	– Beurteilung der Knochendichte möglich?
Einstellung, Zentrierung	– überlagernde Konturen (Gesichtsschädel, Wirbelsäule usw.)?
Einblendung	– zu gering: Qualität durch Streustrahlung schlecht? – zu stark: fehlt Wesentliches?
Überlagerung durch Verband, Darmluft, Hautfalte …	
Der Knochen als Ganzes	
Stellung	– Varus/Valgus? Skoliose? Wirbelsäulen-Alignement? (Sub-)Luxationen? Verbiegungen?
Form	– Formvarianten, erworbene Formveränderungen (Fisch-, Keilwirbel, Vertebra plana, Mutilationen usw.), Volumenzu- oder -abnahme
Kortikalis	
Dicke	– Kortikalis verschmälert oder verbreitert? Normale Verjüngung zur Epiphyse?
Kontinuität	– frische/alte Fraktur? Pseudarthrose?
Periost	– Periostreaktion?
Spongiosa	
Dichte	– normaler Mineralgehalt?
Anordnung der Trabekel	– folgen normal den Trajektorien? Fraktur?
Abgrenzbarkeit	– allseits scharf? Milchglas?
Weite des Markraums	– symmetrische Verbreiterung der Metaphyse (hämatologische Erkrankung?)
Weichteile	
Dicke	– Schwellung, Erguß?
Röntgendichte	– Fremdkörper? Verkalkung? Luft?
Fettpolster	– verlagert?

„Describe": Die Beschreibung einer Läsion umfaßt als erstes die Bestimmung, ob die Läsion dem Knochen, den Weichteilen oder den Gelenken zuzuordnen ist. Wo liegt der Befund im Skelettsystem? Im Röhrenknochen? Wenn ja, wo genau (epi-, meta-, diaphysär)? Handelt es sich um eine solitäre oder um multiple Läsionen? Geht es um eine generalisierte, regionale oder fokale (umschriebene) Läsion? Liegt eine Dichteminderung, eine Dichtesteigerung des Knochens oder eine Kombination von beiden vor?
Diese prinzipiellen Informationen gehören zu den „Essentials", die für jede weitere Analyse und Diskussion einer Läsion erforderlich sind (S. 12 ff.).
Bei fokalen Knochenläsionen stellen sich weitere Fragen: Um welche Art von Knochenläsion handelt es sich? Liegen Kortikalisveränderungen oder Periostreaktionen vor? Ist eine Matrixproduktion dem Röntgenbild zu entnehmen? Liegt eine Beteiligung der umgebenden Weichteile vor? Die korrekte Beantwortung dieser Fragen (S. 33 ff. und S. 51 ff.) ist Voraussetzung für die weiteren drei „D".

„Discuss": Dieser Schritt umfaßt eine erste Wertung der zuvor beantworteten Fragen. Der röntgenologisch sichtbaren Reaktion des Knochens auf die Pathologie ist die Schnelligkeit des Wachstums einer Läsion **(„Wachstumsrate")** zu entnehmen. Auf diese Weise gelingt häufig eine Unterscheidung in eine benigne oder maligne Läsion (Kapitel 4).

„Differential diagnosis": Zur Entwicklung einer Differentialdiagnose ist die Verbindung der röntgenologischen Befunde mit den klinischen Daten (Alter, Anamnese, klinischer Befund, Laboruntersuchung) notwendig. Auch diese Angaben gehören zu den unbedingt zu berücksichtigenden „Essentials". Die oben unter „Discuss" erarbeitete Wachstumsrate und die – sofern möglich – Unterscheidung in benigne oder maligne erlauben zusammen mit anderen Informationen (generalisierte/fokale Erkrankung) häufig die Einordnung der sichtbaren Läsion in eine *Krankheitsgruppe* (Kapitel 6). Zusammen mit klinischen Informationen kann nun versucht werden, eine Differentialdiagnose zu entwickeln.

„Diagnosis": Eine Diagnose sollte nur dann gestellt werden, wenn entweder das Röntgenbild eindeutig ist (z. B. bei Fraktur, Luxation oder tumorähnlicher Läsion wie dem fibrösen Kortikalisdefekt) oder wenn die Kombination aus Röntgenbild, Anamnese und klinischen Befunden zu eindeutigen Diagnosen Anlaß gibt (z. B. Diagnose einer Metastase

aufgrund einer Osteolyse bei gleichzeitigem Nachweis multipler Läsionen und bekanntem Primärtumor).
Zur Diagnose gehört auch bei entsprechenden Läsionen der Hinweis, ob ein *primärer* Knochentumor vermutet wird. Dies ist wichtig, um den Biopsieweg unter Berücksichtigung der Kompartmentgrenzen exakt festzulegen. Sofern die Diagnose nicht eindeutig ist, sollte auf die am besten weiterführende Methode (weiteres bildgebendes Verfahren, Biopsie) hingewiesen werden.

Merke:
Zur Diagnosestellung gehört im weitesten Sinne auch die Korrelation des histologischen Biopsiebefundes mit dem Röntgenbild. Liegt eine Diskrepanz zwischen der radiologischen Differentialdiagnose und der histologischen Diagnose vor, muß der röntgenologisch Tätige den Pathologen auf diese Diskrepanz hinweisen. Dies ist immer Anlaß, die histologische Diagnose noch einmal einer sorgfältigen Überprüfung, eventuell einer zweiten Meinung, zuzuführen, da die histologische Differenzierung primärer Knochentumoren oft ausgesprochen schwierig ist.

Die „Essentials"

Zur Beschreibung einer Läsion und zur Entwicklung der Differentialdiagnose (und evtl. Diagnose) sind grundlegende Informationen aus Bildgebung, Anamnese, klinischem Befund und Laborparametern nötig – die „Essentials".

Ausgangspunkt der Läsion

Bei der Betrachtung eines Röntgenbildes, einer Computertomographie, Szintigraphie, MRT etc. stellen sich als erstes drei Fragen:

1. Geht die Läsion vom Knochen oder von den Weichteilen aus?

Die Beantwortung dieser Frage engt die Differentialdiagnose stark ein, da viele Erkrankungen häufig nur im Knochen oder nur in den Weichteilen vorkommen (z. B. spezielle Weichteiltumoren). Die Frage ist nicht immer leicht zu beantworten, da bei Skelett- und Weichteilerkrankungen jeweils das andere System mitbeteiligt sein kann. Dies gilt vor allem für maligne Tumoren und Entzündungen.

Eine *Knochenläsion* liegt dann vor, wenn
- das Zentrum der Läsion *im* Knochen liegt (Abb. 2.**1 a**), und/oder
- der Weichteilbefund *zirkulär* um den Knochen angeordnet ist (Abb. 2.**1 b**).

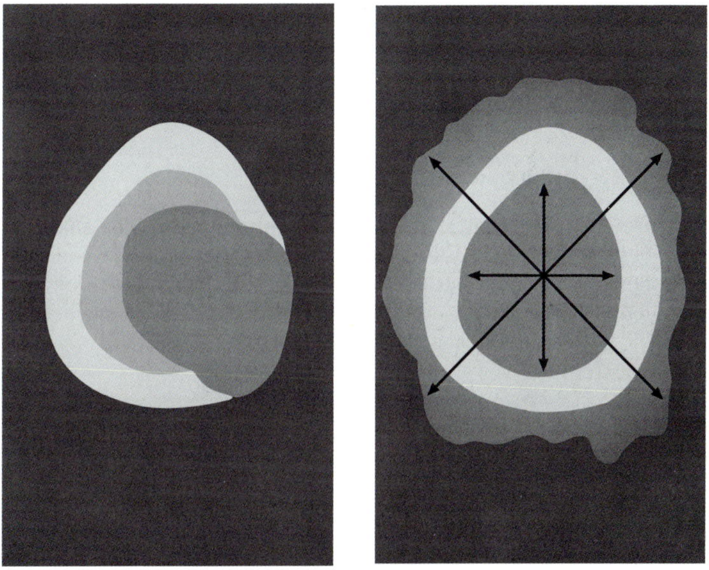

Abb. 2.**1** **a** Der Hauptteil der Läsion liegt zentral → die Läsion geht vom Knochen aus.

b Auch wenn der Knochen von der Läsion überschritten wird → das Zentrum der Läsion liegt *im* Knochen.

Merke:
- Ein primär von den Weichteilen ausgehender Befund wächst nur selten „durch“ den Knochen (kommt z. B. am Os ilium vor).
- Bei dünnen, schmalen Knochen (z. B. Fibula, Ulna) wächst der Weichteilbefund eines primär vom Knochen ausgehenden Befundes häufig asymmetrisch. Ursache: Faszienverhältnisse.

2. Geht die Läsion vom Gelenk aus?

Gelingt es, diese Frage positiv zu beantworten, scheidet bei den tumorösen Veränderungen eine Vielzahl von Diagnosen aus. Im wesentlichen sind Entzündungen (bakteriell, abakteriell) sowie wenige Tumoren (z.B. Synovialom oder die pigmentierte villonoduläre Synovialitis) zu bedenken. Wichtigstes Kriterium ist die Tatsache, daß Erkrankungen, die vom Gelenk ausgehen, in der Regel beide artikulierenden Knochen betreffen, bei primär ossären Läsionen hingegen der Knorpel selbst bei aggressiv wachsenden Prozessen lange eine Barriere darstellt.

3. Liegt die Läsion zentral oder exzentrisch?

Die Bezeichnungen zentral oder exzentrisch stellen einfache anatomische Beschreibungen in bezug auf den Knochen dar. Während eine zentrale Lage einer Läsion im Knochen in aller Regel auch den entscheidenden Hinweis auf den Ausgangspunkt der Läsion im Knochen

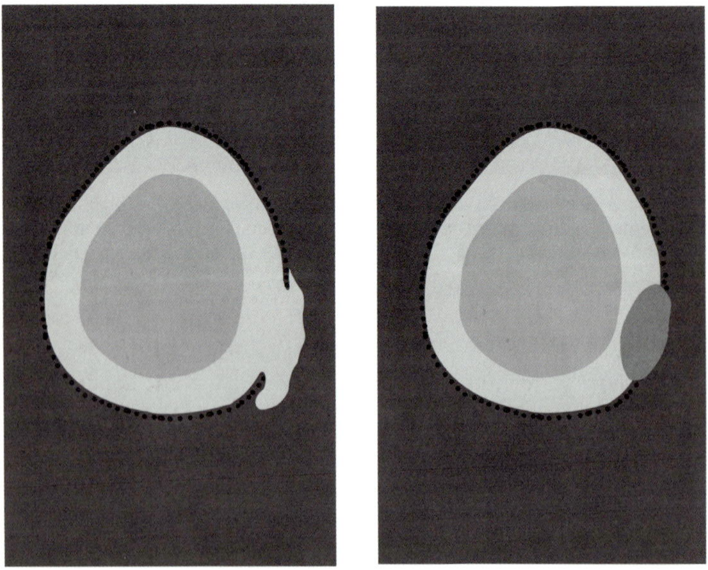

Abb. 2.2 **a** Juxtakortikale Lage einer Skelettläsion. **b** Periostale Lage einer Skelettläsion.

selbst gibt, gilt dies bei den exzentrischen, am Rand des Knochens gelegenen Läsionen nicht. Der Ausgangspunkt exzentrisch gelegener Läsionen befindet sich entweder in der Kortikalis, periostal oder juxtakortikal (parossal):

Definitionen:

- *Juxtakortikale (parossale) Lage:* Die Läsion entsteht direkt auf dem Knochen, aber noch vom Knochengewebe ausgehend (Abb. 2.**2 a**).
- *Periostale Lage:* Die Läsion entsteht in den Schichten des Periosts (Beispiel: periostales Chondrom, Abb. 2.**2 b**).
- *Periossal (periossär):* Die Läsion nimmt vom periossären Weichgewebe ihren Ausgang (z. B. Myositis ossificans); sie kann den Knochen sekundär mitbeteiligen.

Ausbreitung der Läsion im Skelettsystem

Generalisierte (systemische) Knochenläsionen

Definition: Betreffen den ganzen Knochen oder große Teile, treten in der Regel symmetrisch auf, befallen das *ganze oder große Teile* des Skeletts.

Beispiele: metabolische, nutritive, toxische, hormonell bedingte Skelettläsionen; aber auch Metastasen und vor allem hämatologische Erkrankungen.

Regionale Knochenläsionen

Definition: Betreffen größere anatomische Zusammenhänge, jedoch nicht das ganze Skelett.

Klassische Beispiele sind die Osteopenien, die auf Teile des Skeletts, nicht jedoch auf den einzelnen Knochen allein beschränkt sind (z. B. die subchondrale Knochendichteminderung bei der Arthritis oder die sog. zirkumskripte (transiente) Osteoporose). Auch mehrere Knochen der Hand oder den ganzen Unterschenkel betreffende Deformitäten des Knochens sind hier zu nennen (Abb. 2.**3**).

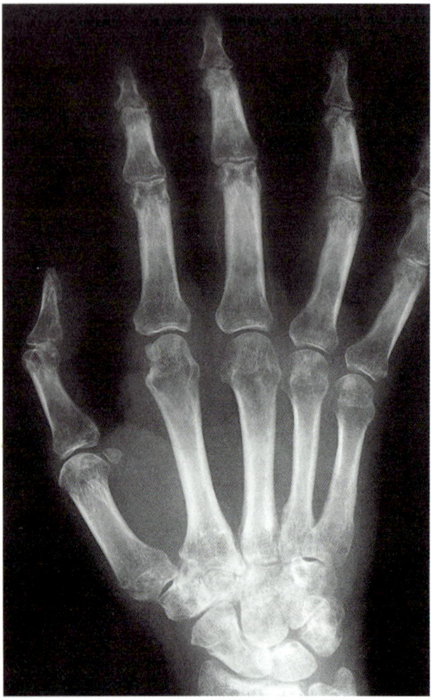

Abb. 2.3 Diffuse Dichteminderung des ganzen Handskeletts als Beispiel einer *regionalen* Knochenveränderung. Bei dem Patienten waren zudem Unter- und Oberarm sowie die Schulterregion betroffen. Ursache war eine Hemiplegie als Folge eines zerebralen Insultes. Beachte, daß die artikulär betonte Dichteminderung auch bei der Inaktivitätsosteoporose und nicht nur bei der Arthritis zu finden ist.

Fokale (umschriebene) Knochenläsionen

Definition: Umschriebene, in der Regel solitäre Knochenläsionen. Kommen sie multipel vor, so ist jede einzelne Läsion abgrenzbar.

Den fokalen Läsionen werden auch Erkrankungen eines *ganzen* Knochens zugerechnet (z.B. Morbus Paget, Lymphom, Angiomatose). Bei sehr kleinen Knochen (Hand-, Fußskelett) ist auch bei Tumoren und Entzündungen sehr schnell der ganze Knochen beteiligt. Auch hier wird von fokalen Knochenläsionen gesprochen.

Lokalisation

Innerhalb des Skelettsystems

Häufig ist es nicht möglich, von der Lokalisation einer Läsion innerhalb des Skelettsystems auf ihre Ätiologie zu schließen. So können sich beispielsweise Metastasen, maligne Lymphome oder ein Morbus Paget in jedem beliebigen Skelettabschnitt manifestieren. Insbesondere unter den fokalen Knochenläsionen gibt es jedoch zahlreiche Erkrankungen, die gewisse Lokalisationen bevorzugen (Tab. 2.**2**). So wird man bei einer asymptomatischen, umschriebenen Osteolyse in der Schädelkalotte eines Jugendlichen eher an ein eosinophiles Granulom als an ein Osteoidosteom denken. Findet sich dieselbe Veränderung im Humeruskopf, so ist eine juvenile Knochenzyste eher wahrscheinlich. Bei einer unscharfen, fleckigen Sklerosierung der Deck- oder Bodenplatte eines Wirbelkörpers, evtl. mit mottenfraßähnlicher Destruktion, ist zunächst an eine Spondylitis zu denken – ein Osteosarkom in dieser Lokalisation wäre eine Rarität.

Tabelle 2.**2** Vorzugslokalisationen häufiger Knochenläsionen. Die Reihenfolge innerhalb der Gruppen gibt einen Hinweis auf die Häufigkeit

Röhrenknochen (speziell kniegelenksnah, Schenkelhals, proximaler Humerus)	
Pathologie	**Anmerkungen**
Osteochondrom	– exzentrische Läsion
Ermüdungsfraktur	– in 90% untere Extremität, davon 50% Tibia
Knocheninfarkt	– Metaphyse
Akute Osteomyelitis	
Fibröser Kortikalisdefekt	– exzentrische Läsion
Enchondrom	– in 60% an der Hand. Wichtige Differentialdiagnose: Knocheninfarkt
Juvenile Knochenzyste	– in 50% proximaler Humerus
Brodie-Abszeß	– häufig Tibia und Radius, langsam wachsend
Riesenzelltumor	– 50% in der Kniegelenkregion
Osteoidosteom	
Osteosarkom	
Ewing-Sarkom	
Brauner Tumor	

Fortsetzung →

Tabelle 2.2 Fortsetzung

Achsenskelett (einschließlich Schädel, Wirbelsäule, Becken, Rippen)	
Pathologie	**Anmerkungen**
Metastasen	– ⅔ aller Metastasen finden sich in der Wirbelsäule
Osteoporose	– generalisiert, jedoch an der Wirbelsäule am ausgeprägtesten
Hämangiom	– meist in der BWS, solitäre Läsion
Plasmozytom	
Eosinophiles Granulom	– in über 25% am Schädel, auch Femur
Skelettuberkulose	– in über 50% in der Wirbelsäule („Morbus Pott“)

Im Röhrenknochen

Neben der Lage einer Läsion im ganzen Skelettsystem kann auch ihre Lokalisation im Röhrenknochen wertvolle Hinweise auf die Ätiologie geben. In Tab. 2.3 sind die wichtigsten Prädilektionsstellen angegeben.

Tabelle 2.3 Prädilektionsstellen häufiger Knochenläsionen innerhalb des Röhrenknochens

Lokalisation	Beispiel	Lage
Epiphyse	– Chondroblastom – intraossäres Ganglion	exzentrisch subchondral
Epiphyse – Metaphyse	– Osteomyelitis (z. B. Brodie-Abszeß) – Riesenzelltumor	
Metaphyse	– Mehrzahl der Tumoren (evtl. Ausbreitung in Diaphyse: Enchondrom, Zyste) – Knocheninfarkt – Osteomyelitis – Osteochondrom – aneurysmatische Knochenzyste – fibröser Kortikalisdefekt	 exzentrisch exzentrisch
Metaphyse – Diaphyse	– juvenile Knochenzyste – fibröse Dysplasie	zentral zentral
Diaphyse	– Ewing-Sarkom (auch metaphysär)	zentral

Dichte der Läsion

Knochendichte: Am Skelett kann generalisiert sowohl eine Dichte*minderung* oder eine Dichte*erhöhung* zur Abbildung kommen.

Definitionen:
Osteopenie: Dichteminderung *ohne* Formveränderung des Knochens (Abb. 2.**3**).
Osteosklerose: Dichteerhöhung *ohne* Formveränderung des Knochens (Abb. 2.**4 a** u. **b**).

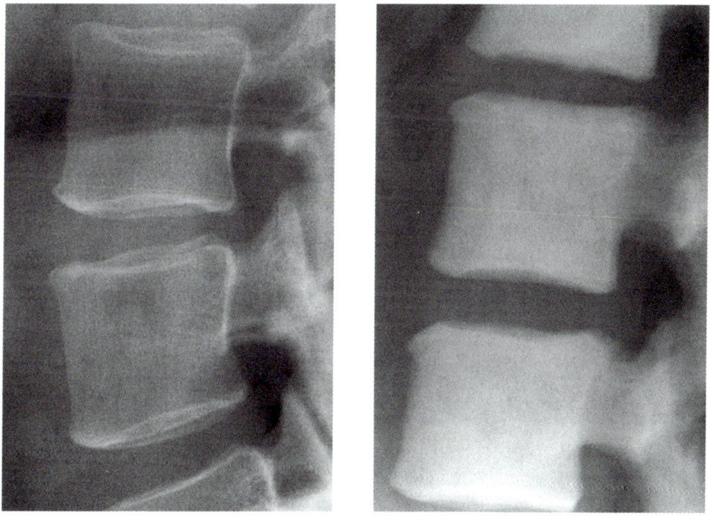

Abb. 2.**4** **a** Normaler Mineralgehalt. **b** Osteosklerose.

Zum Verständnis
Letztlich ist eine Dichteänderung immer auf ein Ungleichgewicht zwischen osteoblastärem Anbau und osteoklastärem Abbau zurückzuführen. Neben einer Freisetzung systemischer und lokaler Mediatoren (bzw. Hormone), die zu einer Aktivierung von Osteoblasten oder Osteoklasten führen, spielt hierbei die Durchblutung des Knochens eine außerordentlich wichtige Rolle.

Merke:
Hyperämie führt zu einem Überwiegen des Knochenabbaus.

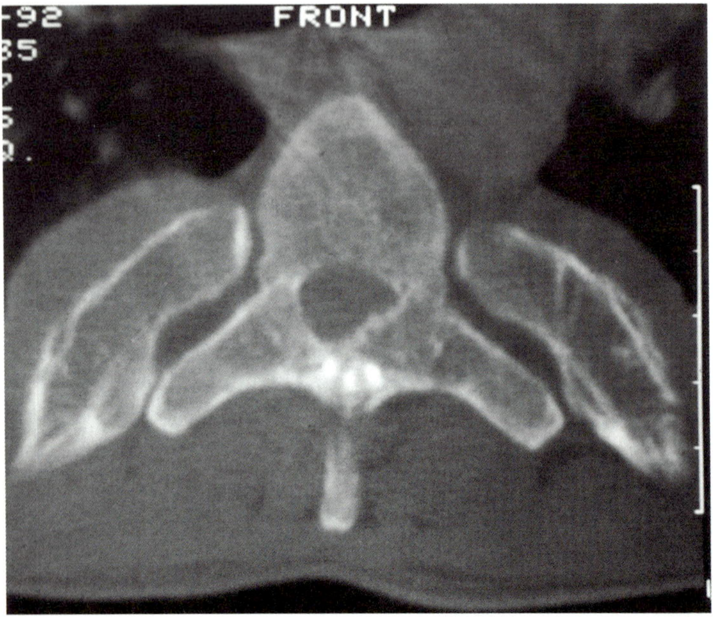

Abb. 2.**5** Der Knochen eines Patienten mit Thalassämie kommt in diesem CT harmonisch (!) aufgeweitet zur Darstellung, speziell die Rippen und die Querfortsätze → Hinweis auf systemische Erkrankung. Die Kortikalis ist verdünnt, die Zahl der Trabekel reduziert, einzelne sind verdickt.

Merke:
Osteopenie und *Osteosklerose* sind beschreibende Begriffe. Gerade wenn sie generalisiert auftreten, ist in der Röntgennativaufnahme eine korrekte Technik wichtig. Unterbelichtungen sind zu vermeiden und durch Vergleich mit dem Weichteilschatten auszuschließen. Auch sollte man auf Filmkopien die Knochendichte nur mit größter Vorsicht beurteilen.

Hauptursachen der generalisierten Dichteminderung (Osteopenie)
- Osteoporose,
- Osteomalazie (Rachitis),
- Hyperparathyreoidismus,
- generalisierte, das Knochenmark infiltrierende Erkrankungen (z. B. Plasmozytom, Leukämie, Metastasen, hämatologische Erkrankungen).

Eine Hypertrophie des Knochenmarks (z. B. bei Thalassämie, Sichelzellanämie) führt zu einer Reduktion der Trabekel und zu einer Verdünnung der Kortikalis. Der Knochen kann „aufgeweitet" zur Abbildung kommen (Abb. 2.**5**). Der Körper versucht zudem, die Stabilität zu erhalten, indem er die residualen, gewichtstragenden Trabekel kompensatorisch verstärkt.

Hauptursachen der generalisierten Dichteerhöhung (Osteosklerose)
- hämatologische Erkrankungen (z. B. Osteomyelofibrose),
- sklerosierende Knochendysplasien (z. B. Osteopetrose),
- metabolisch/endokrine Erkrankungen (z. B. renale Osteodystrophie),
- Toxikosen (z. B. Fluorose).

Zur *tumorösen* und *metaplastischen* Osteosklerose s. „Matrix", S. 82 f.

Merke:
Eine Osteosklerose kann sowohl *fokal, regional* als auch *generalisiert (systemisch)* vorkommen. Es handelt sich in erster Linie um eine Knochenneubildung durch Osteoblastenstimulation im Bereich der spongiösen Trabekel oder an der Innenseite der Kortikalis (reaktive Knochenneubildung). Andere Mechanismen sind eine *Osteoklastenstörung* (Struktur, Verteilung, Zahl), also eine Abbaustörung, wie sie bei der Osteopetrosis Albers-Schönberg vermutet wird.
Unter einer *ischämischen* Osteosklerose versteht man die dystrophische Mineralisation (Anlagerung von Calciumsalzen) in nekrotischem, avitalem Gewebe, speziell im Fettmark.

Hyperostose

Definition: Sowohl Dichte- als auch Größen-(bzw. Volumen-)Zunahme des Knochens.

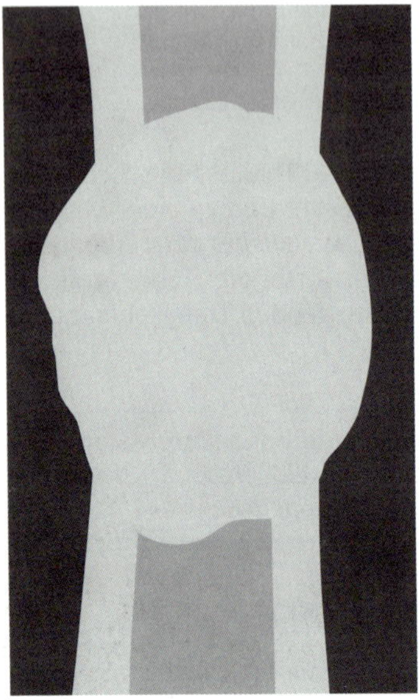

Abb. 2.**6** Hyperostose.

Die gleichzeitige Größen- bzw. Volumenzunahme unterscheidet die Hyperostose somit von der reinen Osteosklerose (Abb. 2.**6**). Typisches Beispiel: Morbus Paget. In der Mehrzahl der Fälle handelt es sich um fokale Befunde. Die Hyperostose entsteht immer über eine Periostreaktion (S. 61 ff.).

Osteolyse

Definition: Umschriebene, fokale Dichteminderung des Knochens.

Die Ausprägung einer Osteolyse kann sehr unterschiedlich sein. Gut abgegrenzte, aber auch mottenfraßähnliche Formen sind möglich (Abb. 3.**2** und S. 33 ff.).

Zum Verständnis

Eine durch Tumor oder auch Infektion ausgelöste Knochendestruktion ist kein direkter Effekt. Es sind aktivierte, im Knochen vorhandene Osteoklasten, die als Antwort auf die schnell oder langsam wachsende Raumforderung und/oder die entstandene Hyperämie an der Grenzfläche zwischen Herd und Knochen zu einer Osteolyse führen.

Osteoporose

Definition: Quantitative Verminderung des Knochengewebes bei erhaltener Knochenstruktur. Es liegt also lediglich weniger Knochen pro Volumeneinheit vor, das Knochengewebe ist qualitativ jedoch normal.

Diese Form der Osteopenie betrifft organischen und mineralischen Anteil gleichermaßen. Es gibt eine enorme Fülle von Ursachen, jedoch stehen zahlenmäßig die postmenopausale (Typ-I-Osteoporose, vor allem trabekulär) und die senile Osteoporose (Typ-II-Osteoporose, gleichermaßen trabekulär und kortikal) mit zusammen 95% aller Fälle weit im Vordergrund. Ausdrücklich hingewiesen sei auf die fokalen oder regionalen Formen der Osteoporose, da diese weitaus mehr differentialdiagnostische Probleme bereiten können. Hierfür sind Immobilisation (bzw. Schonung der Extremität), Entzündung (auch gelenknahe Entkalkung bei Arthritiden), die sogenannten Reflexdystrophien (insbesondere Morbus Sudeck) sowie die transiente Osteoporose die wichtigsten Ursachen.
Röntgenologische Zeichen der Osteoporose sind neben der bereits genannten Transparenzerhöhung die Vergröberung der Spongiosastruk-

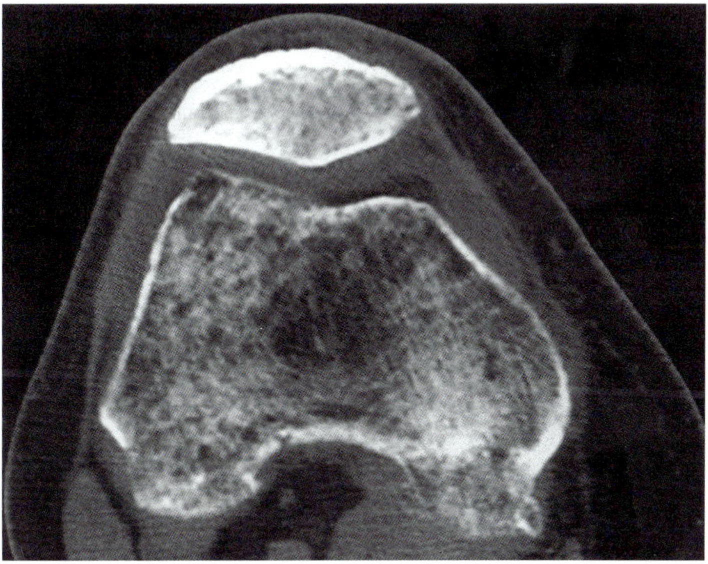

Abb. 2.7 Ausgesprochen fleckige, ja „mottenfraß“-ähnliche Ausprägung der Osteoporose bei Immobilisation. Auch die Kortikalis ist verdünnt. CT-Schnitt durch den distalen Femur.

tur. Am Wirbelkörper liegt eine Betonung der vertikalen Trabekel und eine scharfe Zeichnung der Konturen („Rahmenwirbel") vor. Weiter sind Deck- und Bodenplatteneinbrüche mit Ausbildung von Keil- und Fischwirbeln Zeichen der Osteoporose an der Wirbelsäule.

Osteomalazie

Definition: Das Verhältnis des nichtmineralisierten Osteoids zu verkalktem Knochengewebe ist zugunsten des Osteoids gestört. Das Knochengewebe ist also qualitativ verändert.

Im Kindesalter wird diese Mineralisationsstörung Rachitis genannt. Ursache ist in der Regel ein Vitamin-D-Mangel oder eine Störung des Vitamin-D-Stoffwechsels (Leber, Niere). Die Rachitis im Kindesalter betrifft vor allem die chondroossäre Wachstumszone an der Epiphysenfuge. Nach Verschmelzung von Epi- und Metaphyse betrifft die Osteomalazie den lamellären Knochen.
Röntgenologische Kennzeichen sind eine unscharfe, verwaschene Knochenstruktur (Abb. 2.**8**), das Vorliegen von Looser-Umbauzonen (unvollständig durchbaute Frakturen, die aufgrund der fehlenden Mineralisation als Aufhellungslinien imponieren) sowie Skelettdeformierungen aufgrund der statischen Insuffizienz osteomalazischer Knochen.

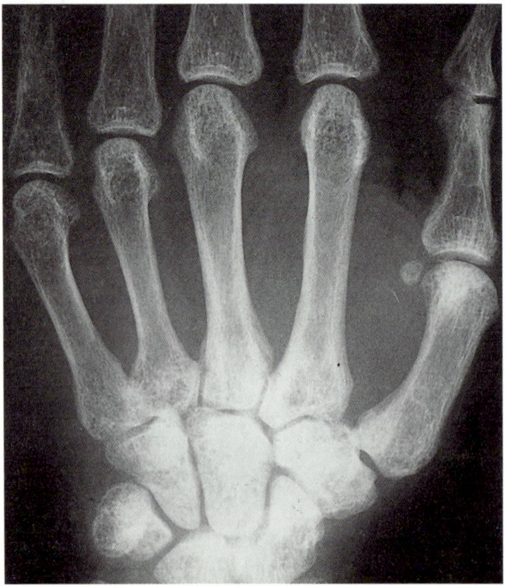

Abb. 2.**8** Osteomalazie.

Form der Läsion: die Exostose

Exostosen sind vom Knochen ausgehende Ausstülpungen ganz unterschiedlicher Form (Tab. 2.**4**). Entscheidend ist die Kontinuität zum Knochen. Die Exostosen können stielartig (Abb. 2.**9 a**) oder auch breitbasig (Abb. 2.**9 b**) mit dem Knochen verbunden sein.

a b

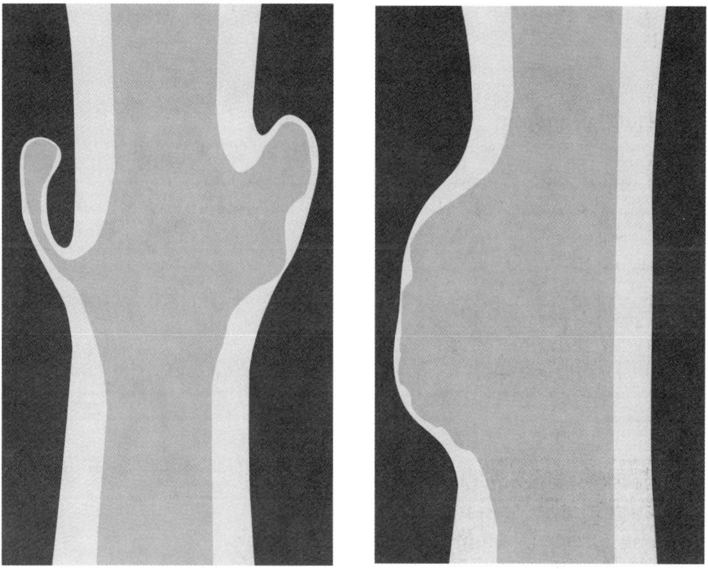

Abb. 2.**9** Exostosen, **a** stielartig, **b** breitbasig mit dem Knochen verbunden.

Auf Exostosen sind häufig Knorpelkappen anzutreffen. Sind diese kalzifiziert, entstehen irreguläre Verdichtungen in unterschiedlichem Ausmaß, die das Bild der Exostose prägen.

Tabelle 2.**4** Knochenläsionen, die als Exostose abgebildet werden können

Pathologie	Anmerkungen
Osteochondrom/ kartilaginäre Exostose	Synonyme
Myositis ossificans	nach der Trennlinie zum Knochen suchen (CT, MRT)
Fibröse Dysplasie	ähnelt breitbasigen Osteochondromen
Parossales Osteosarkom	sehr dicht, *umhüllt* den Knochen
Kortikales Desmoid	nur am posterioren, distalen Femur
Periostales Chondrom	
Apophysäres Avulsionstrauma im Heilungsstadium	Lokalisation (und Anamnese) geben den Hinweis auf die Diagnose

Häufigkeit der Läsionen

Die durch Röntgenbilder, Szintigraphie oder MRT gewonnene Information hat eine wesentliche Eingrenzung der Differentialdiagnose zur Folge.

Zu unterscheiden sind (Tab. 2.**5**):
- monostotische (solitäre),
- oligoostotische (wenige Knochen betreffende),
- polyostotische (multiple)

Läsionen.

Anamnese

Schmerzen? Schmerzcharakter?

Eine radiologisch sichtbare, *maligne* Knochenläsion ohne Schmerzen ist die Ausnahme, ein Beispiel wären langsamwachsende Metastasen. Benigne Knochenläsionen sind in ihrer klinischen Symptomatik variabler. Hier hilft eventuell der Schmerzcharakter weiter. So verursacht das Osteoidosteom beispielsweise eher nächtliche Schmerzen, die im Laufe von Monaten langsam an Intensität zunehmen.

Tabelle 2.5 Übersicht der verschiedenen Krankheitsgruppen mit **monostotischem, oligoostotischem** und **polyostotischem** Vorkommen

	Monostotisch	Oligoostotisch	Polyostotisch
Trauma	– umschriebenes Trauma – Streßfrakturen	– „battered child" – Streßfrakturen	– Polytrauma
Entzündung	– Osteomyelitis – Spondylitis	– Osteomyelitis	
Tumor/ tumorartige Läsionen	– Metastasen – Histiocytosis X – fibröse Dysplasie – primäre Knochentumoren (benigne/maligne)	– Metastasen – Histiocytosis X – fibröse Dysplasie – Echondromatose – kartilaginäre Exostosenkrankheit	– Metastasen
Hämatologische Erkrankungen	– Plasmozytom – maligne Lymphome	– Plasmozytom – Leukämie – maligne Lymphome	– Thalassämie – Sichelzellanämie – Osteomyelosklerose
Ischämische Erkrankungen	– Osteonekrosen – Knocheninfarkt	– diabetesinduzierte Veränderungen	
Metabolische, hormonelle, nutritive, toxische Erkrankungen		– Osteomalazie – Rachitis – Osteoporose (Morbus Sudeck, Inaktivität) – Hyperparathyreoidismus	– Osteomalazie – Rachitis – Osteoporose – renale Osteodystrophie – Hyperparathyreoidismus
Kongenitale Erkrankungen	– Blockwirbel	– Knochendysplasien, z. B. Melorheostose	– Osteogenesis imperfecta – Neurofibromatose – Osteopetrose
Verschiedenes	– Morbus Paget	– Morbus Paget – hypertrophische Osteoarthropathie	

Dauer der Beschwerden?

Langdauernde, geringe Beschwerden (z.B. über 3 Monate) sind ein Hinweis auf benigne Läsionen.

Anamnestisch eruierbare Traumata?

Bei „Trauma" im Kindesalter immer an „battered child"-Syndrom denken! Ein frisches Trauma kann eine Weichteilschwellung, einen Gelenkerguß oder eine Fraktur erklären, ein altes Trauma hingegen eine Hyperostose, Entkalkung oder Weichteilverkalkung. Manche Hyperostose des Knochens erklärt sich durch die Anamnese des Patienten! Der Verdacht auf einen Ermüdungsbruch erfordert eine subtile Anamnese, da eine alltägliche Belastung (z.B. Jogging) vom Patienten in der Regel nicht angegeben wird.

Operationen?

Wichtige Frage bei Verdacht auf chronische Osteomyelitis.

Vorbestehende Erkrankungen?

Bei Verdacht auf hämatogene Osteomyelitis liegt eventuell ein unspezifischer Infekt (Angina, Otitis, Tonsillitis) mit passagerem Fieber (hämatogene Streuung) in der Anamnese vor. Bekannte hämatogene (z.B. Sichelzellanämie, Thalassämie), endokrine Erkrankungen? Niereninsuffizienz? Viele Patienten wissen um kongenitale Varianten, z.B. Brachydaktylie.

Berufliche Anamnese?

Osteosklerosen durch *Blei* (in Farben, Akkumulatoren, Benzin), *Fluor* (Glasindustrie, in Holzschutzmitteln, Arzneimitteln, Teflon). Klassisch sind auch die Knochenischämien bei Berufstauchern (Caisson-Erkrankung).

Frühere Therapien?

Eine Radiatio ist eventuell die Ursache einer Knochennekrose. Eine zurückliegende Chemotherapie erklärt die Sklerosierung von Metastasen. Cortisontherapie führt häufig zu Osteoporose und aseptischen Knochennekrosen.

Alter des Patienten?

Das Alter des Patienten ist ein sehr wichtiger klinischer Parameter, da viele zu diagnostizierende Befunde eine deutliche Altersabhängigkeit ihres Vorkommens zeigen. Klassische Beispiele sind in Tab. 2.**6** erfaßt.

Tabelle 2.**6** Altersverteilung wichtiger Knochenläsionen. Maligne Erkrankungen sind durch * gekennzeichnet

Gruppe I **bis 30 Jahre**	– akute und chronische Osteomyelitis – fibröser Kortikalisdefekt – ischämische Knochenerkrankungen (z. B. Osteochondrosis dissecans) – subchondrale Knochenzyste – eosinophiles Granulom – Osteosarkom* – Osteochondrom – Osteoidosteom – hämatologische Erkrankung
Gruppe II **20–50 Jahre**	– Enchondrom – Riesenzelltumor – Hämangiom – Leukämien* – Knocheninfarkt
Gruppe III **über 40 Jahre**	– Metastasen* – Plasmozytom* – malignes Lymphom* – Osteoporose – Knocheninfarkt – Morbus Paget – Hyperparathyreoidismus

Geschlecht des Patienten?

Einige Erkrankungen kommen gehäuft bei Männern (z. B. Morbus Paget) bzw. bei Frauen vor (z. B. Osteoporose, primärer Hyperparathyreoidismus). Dieses Kriterium spielt jedoch de facto nur in der Differentialdiagnose von Metastasen (Mamma, Prostata) eine Rolle.

Zugehörigkeit zu Rassen und Volksgruppen?

Die Sichelzellanämie z. B. findet sich gehäuft bei dunkelhäutigen Patienten, die Thalassämie bei Völkern der Mittelmeerländer.

Klinische Untersuchung und Laborparameter

Eine Vielzahl von klinischen Inspektions- und Palpationsbefunden ist mit röntgenologischen Skelettbefunden vergesellschaftet.

Beispiele:
- Hepatosplenomegalie → hämatologische Erkrankung,
- Café-au-lait Flecken → Neurofibromatose,
- Chorioretinitis → Morbus Reiter,
- subkutane Knoten → Gardner-Syndrom,
- Psoriasis u. a. Hauterkrankungen → Arthritis psoriatica, Periostosen,
- gastrointestinale Beschwerden → primärer Hyperparathyreoidismus,
- Pubertas praecox → fibröse Dysplasie (im Rahmen des Albright-Syndroms).

Merke:
Im Zentrum der Bildbefundung steht die Analyse der radiologisch sichtbaren Läsion. Sie bestimmt die Diskussion und Differentialdiagnose. Eine abschließende Beurteilung sollte jedoch **niemals** ohne Berücksichtigung der klinischen Informationen erfolgen. Vor allem in der traumatologischen Diagnostik ist die Nichtbeachtung dieser Regel die häufigste Ursache vermeidbarer Fehlbefunde. Andererseits sollte ein Ausschluß bestimmter Diagnosen auf der Grundlage klinischer (Vor-)Information nur mit größter Vorsicht erfolgen. Auch ein Patient mit bekannter Osteomyelitis kann an einem primären Knochentumor erkranken!

Wenn möglich, sollten einzelne **Laborparameter** in die Analyse von Skelettläsionen miteinbezogen werden. Dies gilt besonders für das Serumcalcium und die alkalische Phosphatase.

Blutsenkungsgeschwindigkeit (BSG): Hinweis auf Infektionserkrankungen oder Entzündungen jeglicher Genese. Aber auch bei Neoplasien erhöht (z. B. Metastasen, Plasmozytom, maligne Lymphome, Ewing-Sarkom).
C-reaktives Protein (CRP): Das CRP ist ein Indikator für eine Entzündung bzw. allgemeinen Gewebezerfall. Es reagiert empfindlicher als die BSG, ist jedoch ähnlich unspezifisch.
Serumcalcium: Das Serumcalcium ist vielfach erhöht bei zu hohem Parathormonspiegel (primärer, sekundärer Hyperparathyreoidismus, paraneoplastisch) und osteolytischer Metastasierung.

Merke:
Fast ⅔ aller Hyperkalzämien sind Folge einer malignen Neoplasie! (Weitere ⅕ durch primären Hyperparathyreoidismus, der Rest hat seltene Ursachen).

Serumphosphor: Ebenfalls ein Indikator für eine Knochendestruktion. Zeigt in der Regel ein zum Serumcalciumspiegel inverses Verhalten. Eine Ausnahme stellt z. B. die Vitamin-D-Intoxikation dar (Calcium *und* Phosphor erhöht).
Alkalische Phosphatase (AP): Diese Gruppe von Isoenzymen findet sich in hoher Konzentration im Knochen, in Leber, Milz, Niere und Plazenta. Erhöht ist sie speziell bei Leber- und Knochenerkrankungen. Die erhöhte ossäre AP ist ein direkter Parameter zur Beurteilung einer erhöhten Osteoblastentätigkeit (z. B. osteoplastische Knochentumoren und Metastasen, Morbus Paget, Osteomyelosklerose, Hyperparathyreoidismus).
Gesamtprotein: Ein erhöhtes Gesamtprotein findet sich bei Knochenmetastasen oder beim Plasmozytom. Genauere diagnostische Aussagen erlaubt die Analyse der einzelnen Proteinfraktionen, z. B. beim Plasmozytom.

Die Definition von Begriffen ist der Beginn von Weisheit (Sokrates)

3. Beschreibung einer fokalen Knochenläsion im Röntgenbild

Art der Knochenveränderung (Erfassung der „ganzen" Läsion)

Die hier vorgestellten prinzipiellen Beschreibungsmöglichkeiten einer fokalen Knochenläsion („Art der Knochenveränderung") sollen den Blick auf die *ganze* Läsion richten. Kortikalisveränderung, Periostreaktionen u. a. beeinflussen zwar den Gesamteindruck, deren spezielle Analyse darf aber keinesfalls den *ganzheitlichen* Blick verstellen. Also: Erst in Ruhe einmal die *ganze* Läsion erfassen.

Solitäre Aufhellung: „Loch im Knochen"

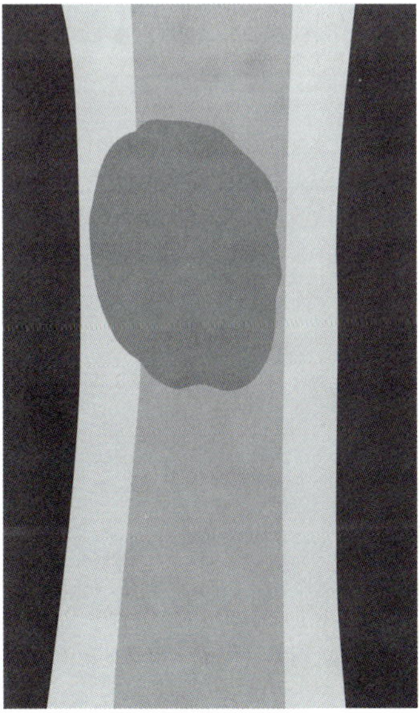

Abb. 3.**1** Solitäre Aufhellung.

Definition: Fokale, abgrenzbare Knochendichteminderung. Diese Aufhellung kann scharf oder unscharf begrenzt sein. Sklerosesäume sind möglich (Abb. 3.**1** und 3.**2**).

Cave!
Trotz unscharfem Rand kann eine Läsion gut abgrenzbar sein.

Merke:
Die solitäre Aufhellung ist eine der häufigsten pathologischen Veränderungen im Röntgenbild (Tab. 3.**1**).

Nicht daran verzweifeln, daß praktisch alle Krankheitsgruppen zu diesem Bild führen können! Die Detailanalyse grenzt diese Gruppe etwas ein (S. 51 ff.). Auch wird eine juvenile Zyste allein schon durch Alter und Labor von einem braunen Tumor abzugrenzen sein. Bei Metastasen und hämatologischen Erkrankungen ist die Anzahl der Läsionen wegweisend. Aber: Bei der *akuten* Osteomyelitis und Tumoren wie dem Ewing-Sarkom helfen die „Essentials" nicht weiter – und das Röntgenbild auch nicht. Hier entwickelt die MRT ihre Domäne. Trotzdem ist eine Vielzahl der Diagnosen letztendlich nur durch eine Biopsie zu sichern.

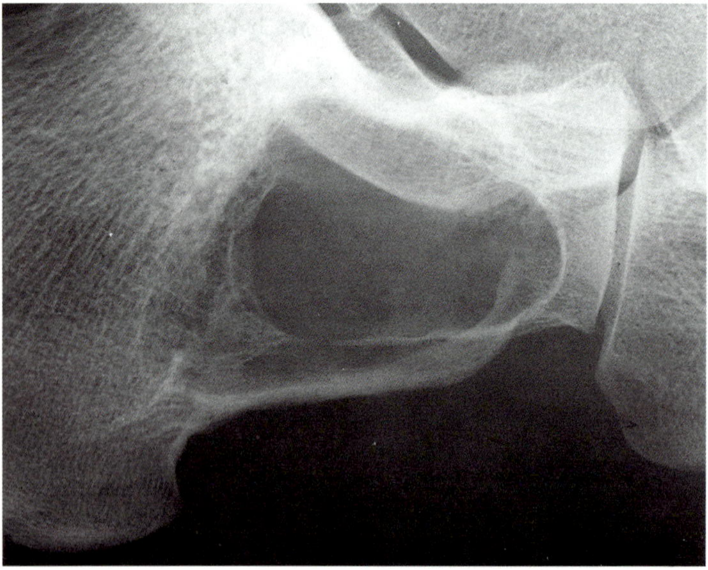

Abb. 3.**2** Die solitäre Knochenzyste ist ein typisches Beispiel für eine solitäre Aufhellung.

Tabelle 3.1 Pathologische Prozesse, die als **solitäre Aufhellung** auftreten können (Übersicht)

Pathologie	Anmerkungen/Beispiele
Zysten	liegen entweder subartikulär (intraossäres Ganglion, degenerative Geröllzysten) oder intramedullär in der Meta- oder Epiphyse („juvenile", aneurysmatische Knochenzyste)
Akute und chronische Osteomyelitis	seltener Erreger: Echinokokkus
Brodie-Abszeß	langsam wachsender Prozeß mit Sklerosesaum
Metastasen	
Primäre Knochentumoren (benigne/maligne) und tumorähnliche Läsionen	praktisch alle
Hämatologische Erkrankungen	speziell: malignes Lymphom, Plasmozytom, Leukämie
Hormonelle Erkrankungen	brauner Tumor bei Hyperparathyreoidismus
Achtung: physiologisch	Pacchioni-Granulationen am Schädel
Achtung: vorgetäuscht	bei Osteoporose: – Skapula – Ward-Dreieck (Schenkelhals) Cave: Darmluftüberlagerung

Solitäre Verdichtung: „Fleck im Knochen“

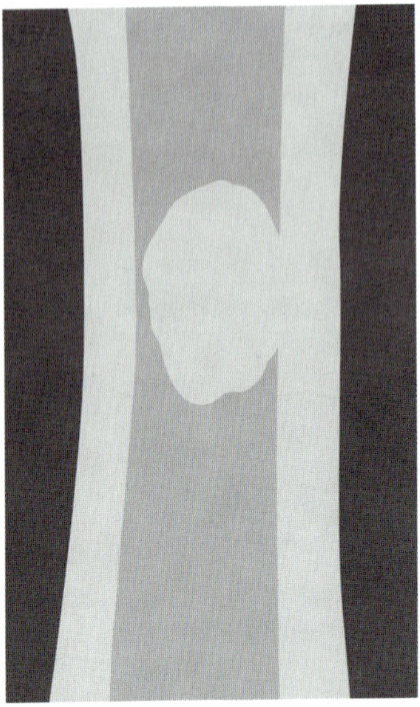

Definition: Fokale, abgrenzbare Knochendichtezunahme. Die Verdichtung kommt mehr oder weniger homogen zur Darstellung. Form und Ausmaß der Verdichtung sind völlig variabel (Abb. 3.**3** und 3.**4**, Tab. 3.**2**).

Abb. 3.**3** Solitäre Verdichtung.

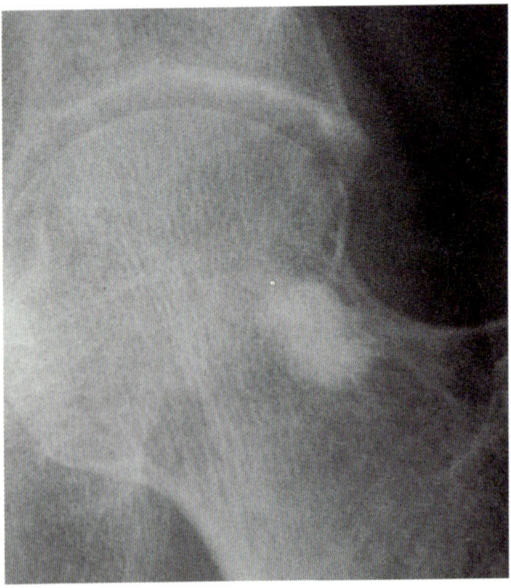

Abb. 3.**4** Kompaktainseln stellen sich immer in Form einer solitären Verdichtung dar. Ein häufiger Zufallsbefund.

Tabelle 3.2 Pathologische Prozesse, die als **solitäre Verdichtung** auftreten können (Übersicht)

Pathologie	Anmerkungen/Beispiele
Trauma	an Streß- und Insuffizienzfrakturen denken
Chronische Osteomyelitis	
Metastase	insbesondere Prostata, Mamma
Kompaktainsel	histologisch nicht vom Osteom zu trennen
Morbus Paget	geht fast immer mit einer Expansion des Knochens einher
Primäre Knochentumoren (benigne/maligne) oder tumorähnliche Läsionen	Osteom, Osteoidosteom, Osteochondrom, Osteosarkom
Hämatologische Erkrankungen	malignes Lymphom
Benigne Knochenläsionen im Heilungsstadium	fibröser Kortikalisdefekt
Achtung: physiologisch	Hyperostosis frontalis interna

Merke:
Trotz der Vielzahl der Möglichkeiten stehen bei den solitären Verdichtungen die traumatischen und entzündlichen Läsionen im Vordergrund, im Bereich der Wirbelsäule das Hämangiom und der Morbus Paget.
Bei entsprechender Anamnese und passendem Alter sind die Prostata- und Mammakarzinommetastasen klassische Diagnosen.

Solitäre, gemischte Läsion

Definition: Fokale, abgrenzbare Knochenläsion. Gleichzeitige Dichteminderung und -zunahme mischen sich jedoch zu einer irregulären Läsion, die deswegen weder einer solitären Aufhellung noch einer solitären Verdichtung zugeordnet werden kann (Abb. 3.**5**).

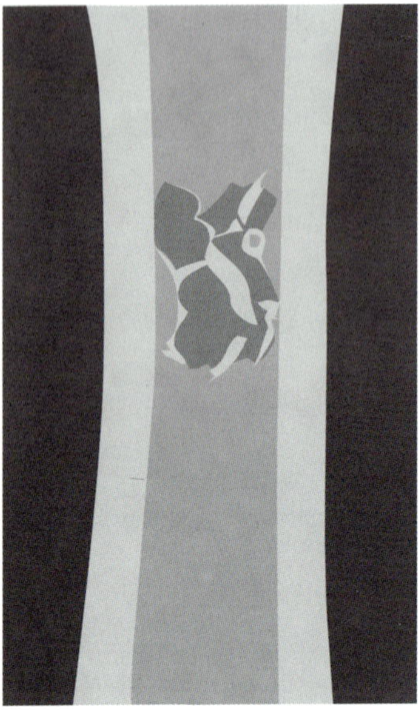

Abb. 3.**5** Solitäre, gemischte Läsion.

Merke:
Die klassische und häufigste „gemischte Läsion" ist der operativ mit Spänen gefüllte Knochendefekt (Abb. 3.**6**). Auch die Osteonekrosen (Femurnekrosen, Knocheninfarkte) zeigen diese Röntgenmorphologie (Tab. 3.**3**).

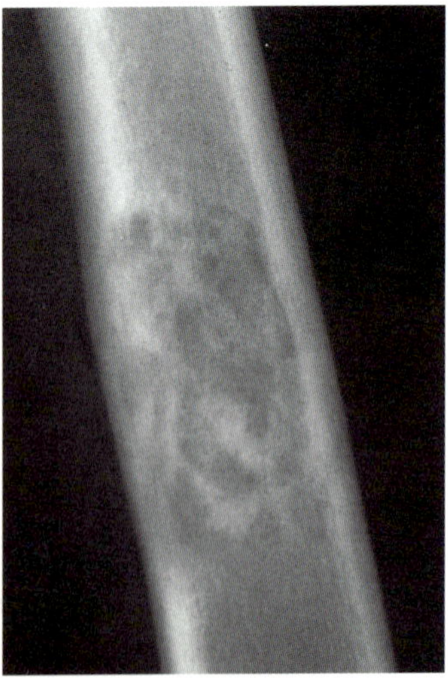

Abb. 3.**6** Mit Spänen gefüllter Knochendefekt.

Tabelle 3.3 Pathologische Prozesse, die als **solitäre, gemischte Läsion** auftreten können (Übersicht)

Pathologie	Anmerkungen/Beispiele
Metastasen	
Benigne Läsionen im Heilungsstadium oder nach operativer Therapie (Knochenspäne)	Osteonekrosen (Infarkte), fibröser Kortikalisdefekt, brauner Tumor, eosinophiles Granulom, Zysten
(Chronische) Osteomyelitis	
Hämatologische Erkrankungen	maligne Lymphome, Leukämie
Primäre Knochentumoren (benigne/maligne) oder tumorähnliche Läsionen	Viele Ausnahmen: z. B. Riesenzelltumor, Osteom
Morbus Paget	

Merke:
Der Röntgeneffekt der gemischten Läsion ist nicht selten Ausdruck der Summation im Röntgenbild. Schnittbildverfahren zeigen dann, daß durchaus unterschiedliche Phänomene – wie ein unregelmäßiger Sklerosesaum oder multiple Verkalkungen – die Ursache der „gemischten“ Morphologie im Röntgenbild sein können.
Die häufigsten *malignen* gemischten Läsionen sind Metastasen, speziell die des Mammakarzinoms. Auch maligne Lymphome treten häufig „gemischt“ auf.

Multizentrische Aufhellungen (fakultativ mit Verdichtungen)

Definition: Multiple (mindestens drei) bläschenartige Aufhellungen, die teilweise konfluieren (Abb. 3.**7**).

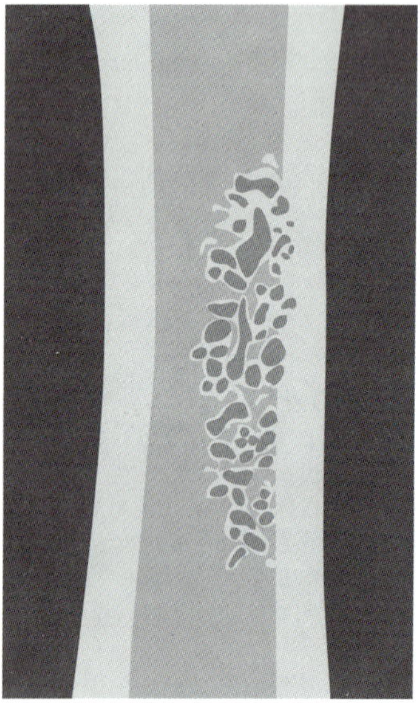

Abb. 3.**7** Multizentrische Aufhellung.

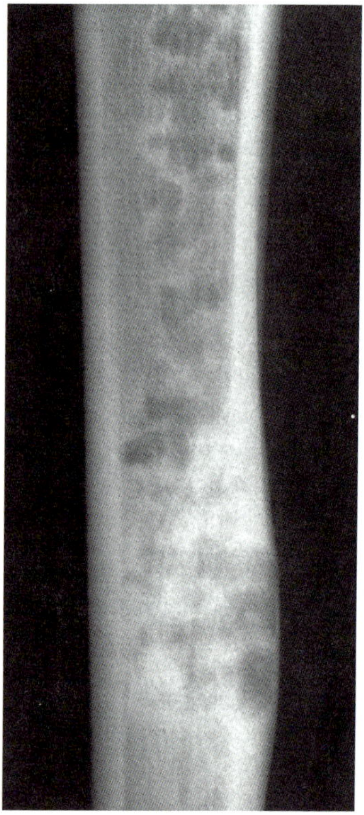

Abb. 3.**8** Adamantinom.

Die Aufhellungen sind – und dies ist wichtig – in der überwiegenden Mehrzahl gut abgrenzbar und meistens von Verdichtungen umgeben. Ihre Größe kann variieren. Die Verdichtungen sind teilweise auch flächenhaft konfiguriert mit eingestreuten Aufhellungen. Die Aufhellungen dominieren aber immer. Da es sich im Röntgenbild um ein Summationsbild handelt, ist der Gesamteindruck irregulär.

Tabelle 3.**4** Pathologische Prozesse, die als **multizentrische Aufhellungen** (mit Verdichtungen) auftreten können (Übersicht)

Pathologie	Anmerkungen/Beispiele
Metastasen	Mamma
Osteomyelitis	chronisch (speziell Tbc, Echinokokkus)
Primäre Knochentumoren (benigne/maligne) und tumorähnliche Läsionen	Adamantinom, Enchondrom, Chondroblastom, aneurysmatische Knochenzyste, Riesenzelltumor, Chondrosarkom, Osteosarkom, Chordom
Hämatologische Erkrankungen	maligne Lymphome
Knocheninfarkt, avaskuläre Nekrose	selten

Merke:
Klassische Beispiele dieser Läsion sind das Adamantinom der Röhrenknochen (Abb. 3.**8**) sowie der Echinokokkusbefall des Knochens. Häufig sind auch die Mammakarzinommetastasen.

Multiple/flächige Verdichtungen (fakultativ mit einzelnen Aufhellungen)

Definition: Multiple und/oder flächig konfluierende Verdichtungen (Abb. 3.**9**).

Die Verdichtungen dominieren, können aber von einzelnen Aufhellungen durchsetzt sein (Abb. 3.**9**, oben). Die Läsion kann jedoch auch ähnlich wie die „gemischte" Läsion zur Darstellung kommen; die Sklerosen sind nur deutlich stärker ausgeprägt (Abb. 3.**9**, unten).

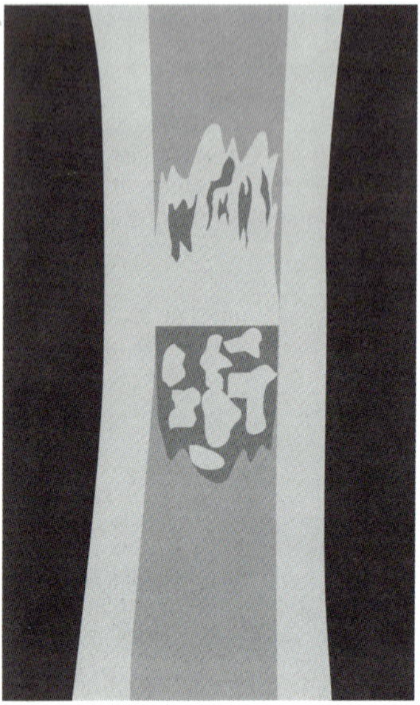

Abb. 3.**9** Multiple/flächige Verdichtungen.

Hier sind zwei Gruppen aus praktischen Gründen zusammengefaßt: einmal die dicht beieinanderliegenden multiplen Verdichtungen, wie sie bei der Osteopoikilose (Abb. 3.**10**) vorkommen. Etwas anders sehen die flächenhaften Verdichtungen aus (Abb. 3.**11**). Diese Bezirke konfluieren, einzelne Aufhellungen (es kann sich dabei um „normalen" Knochen handeln) durchsetzen diese Verdichtungszonen. Dies wird speziell bei der chronischen Osteomyelitis deutlich. Schnittbildverfahren wie das CT zeigen diese Aufhellungen besser.

Merke:
Die multiplen/flächigen Verdichtungen sind die klassische Veränderung der chronischen Osteomyelitis.

Tabelle 3.**5** Pathologische Prozesse, die als **multiple/flächige Verdichtungen** (mit Aufhellungen) auftreten können (Übersicht)

Pathologie	Anmerkungen/Beispiele
Osteomyelitis	chronisch
Metastasen	speziell Mamma
Primäre Knochentumoren (benigne/maligne) und tumorähnliche Läsionen	Osteochondrom, Enchondrom, Hämangiom (am Wirbelkörper), Osteosarkom
Hämatologische Erkrankungen	maligne Lymphome
Benigne Läsionen im Heilungsstadium	Osteonekrosen (Infarkte), fibröser Kortikalisdefekt, brauner Tumor
Osteopoikilose	Normvariante

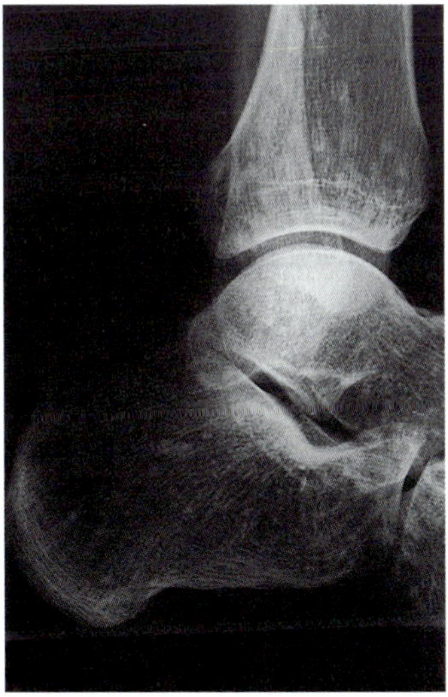

Abb. 3.**10** Osteopoikilose: multiple Verdichtungen.

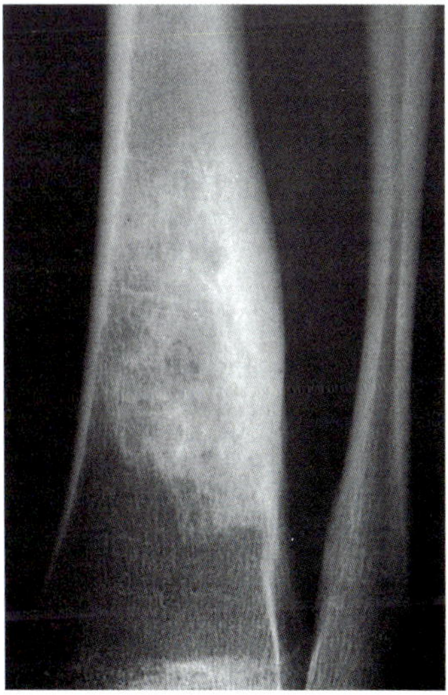

Abb. 3.**11** Nichtossifizierendes Fibrom: flächenhafte Verdichtungen mit einzelnen Aufhellungen.

Irreguläre, multiple Aufhellungen („Mottenfraß“)

Definition: Multiple, irregulär verteilte Aufhellungen, die in ihrer Größe variieren und in der Regel konfluieren (Abb. 3.**12**–3.**14**).

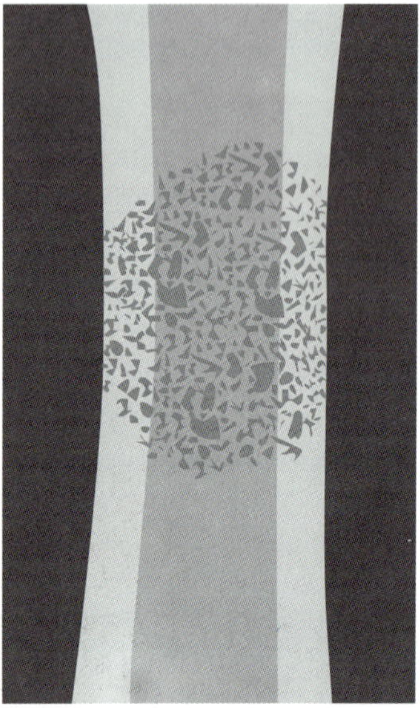

Abb. 3.**12** Irreguläre, multiple Aufhellungen.

Diese Befunde finden sich im spongiösen und/oder kortikalen Knochen. Das Röntgenbild und auch die Schnittbildverfahren reflektieren die Dominanz dieser Veränderungen am kortikalen Knochen. Einzelne (meistens reparative) Verdichtungen können vorkommen, sind aber nur irregulär eingestreut.

Merke:
Diese Form der Knochenveränderung wird fast nur bei malignen Erkrankungen gefunden. Eine Ausnahme ist die akute Osteomyelitis. Vorsicht auch bei ausgeprägter Osteoporose (Tab. 3.**6**).

Tabelle 3.**6** Pathologische Prozesse, die als **irreguläre, multiple Aufhellungen** („Mottenfraß“) auftreten können (Übersicht)

Pathologie	Anmerkungen/Beispiele
Metastasen	alle, bis auf die des Prostatakarzinoms
Osteomyelitis	*akutes* Stadium
Primäre Knochentumoren	alle Sarkome
Hämatologische Erkrankungen	Leukämie, maligne Lymphome
Osteoporose	aber: keine fokale Erkrankung

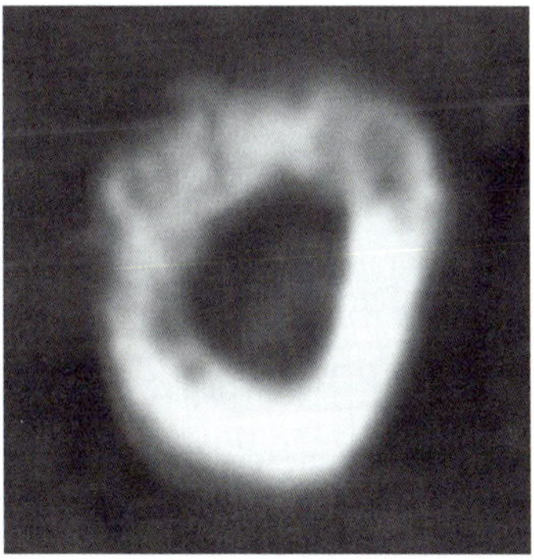

Abb. 3.**13** Mottenfraßartige Destruktion im CT (Non-Hodgkin-Lymphom, Stadium 4).

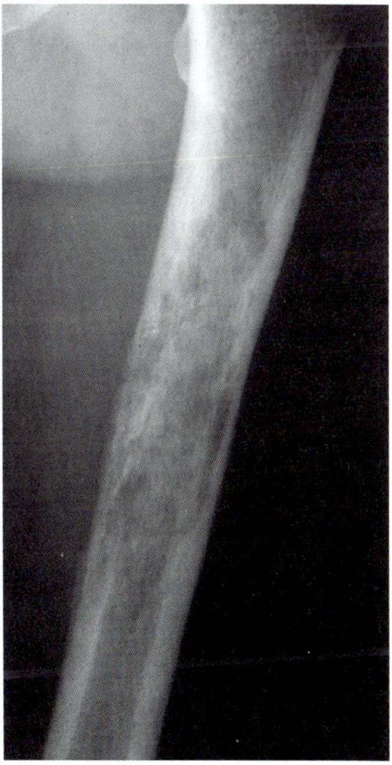

Abb. 3.**14** Metastase als Beispiel einer mottenfraßartigen Destruktion.

Homogene, multiple Aufhellungen („permeativ“)

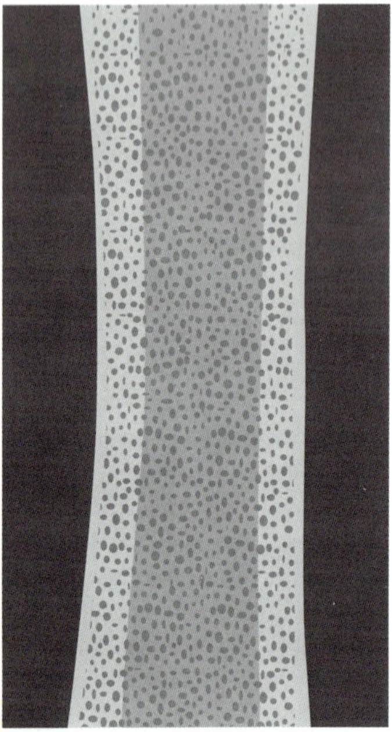

Abb. 3.**15** Homogene, rundliche Aufhellungen.

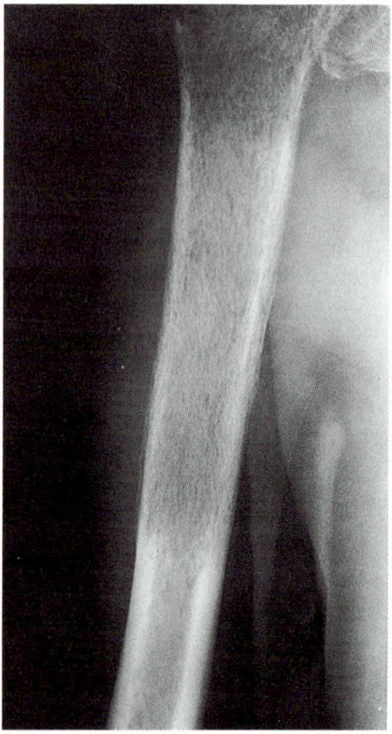

Abb. 3.**16** Permeative Destruktion bei einem Plasmozytom.

Definition: Multiple, *kleine* (< 2–3 mm), teils rundliche, teils ovale, aber auch längliche Aufhellungen in der Kortikalis.

Das deutlich *homogenere* Bild differenziert diese Form von den mottenfraßähnlichen Läsionen (Abb. 3.**15**). Eine permeative Destruktion läßt sich häufig nur im kortikalen Knochen erkennen (Abb. 3.**16**, Tab. 3.**7**).

Tabelle 3.7 Pathologische Prozesse, die als **homogene, multiple Aufhellungen** („permeativ“) auftreten können (Übersicht)

Pathologie	Anmerkungen/Beispiele
Metastasen	extrem aggressives Wachstum
Osteoporose	fokale Formen, z. B. transitorische Osteoporose oder nach Amputation im Restknochen
Osteomyelitis	akutes, frühes Stadium
Primäre Knochentumoren	alle Sarkome
Hämatologische Erkrankungen	Plasmozytom, Leukämie, malignes Lymphom
Morbus Paget	lytische Frühphase am Kopf („Osteoporosis circumscripta“) **Merke:** Massive Anreicherung im Knochenszintigramm.

Merke:
Das Problem besteht darin, daß die Osteoporose sich wie ein maligner Prozeß abbilden kann. Die Gefahr der Überinterpretation besteht im Rahmen der Metastasensuche bei gleichzeitiger Altersosteoporose. Abhilfe: Szintigraphie.

Homogene Verdichtung des ganzen Knochens

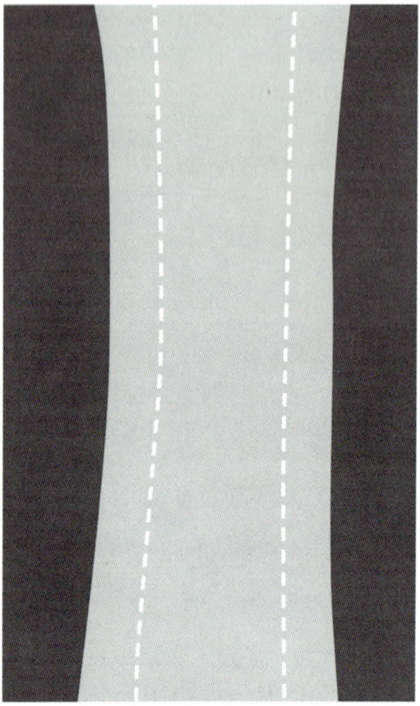

Definition: Verdichtung aller Anteile eines Knochens. Der Befund kann mit einer Volumenzunahme des Knochens einhergehen (Abb. 3.**17** und 3.**18**, Tab. 3.**8**).

Abb. 3.**17** Homogene Verdichtung des ganzen Knochens.

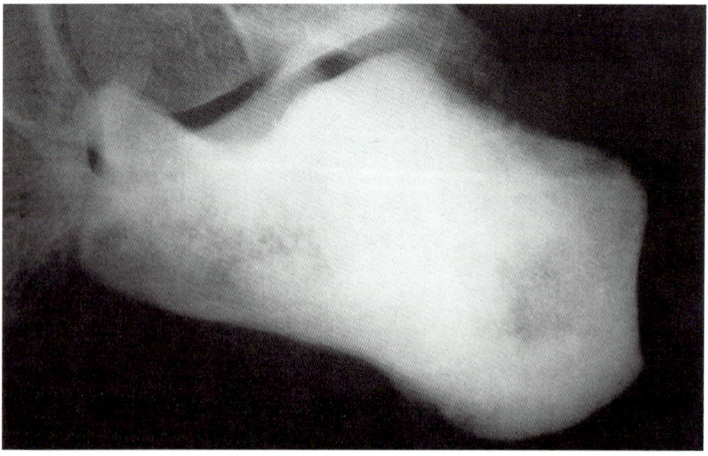

Abb. 3.**18** Dieses Osteosarkom hat zu einer Verdichtung des gesamten Kalkaneus geführt. Da es keinen Übergang von gesundem zu pathologisch verändertem Knochen gibt, kann hier auch nicht von einer „Berandung" der Läsion („scharf", „unscharf") gesprochen werden.

Tabelle 3.**8** Pathologische Prozesse, die als **homogene Verdichtung** des ganzen Knochens auftreten können (Übersicht)

Pathologie	Anmerkungen/Beispiele
Metastasen	
Chronische Osteomyelitis	
Morbus Paget	
Primäre Knochentumoren	Osteosarkom, Ewing-Sarkom
Hämatologische Erkrankungen	Leukämie, maligne Lymphome

Merke:
Betrifft vor allem Wirbelkörper und die Hand- und Fußwurzelknochen.

Wichtig ist, daß dieser Befund einen oder mehrere einzelne Knochen betreffen kann. Die Veränderung muß von einer systemischen, das *ganze* Skelett betreffenden Osteosklerose abgegrenzt werden.
Auch von einer regionalen Erkrankung muß die homogene Verdichtung *eines* Knochens unterschieden werden. Bei den regionalen Erkrankungen sind mehrere, aber anatomisch zusammenhängende Knochen betroffen.

Zum Verständnis

Es kann nicht häufig genug betont werden, daß die hier („Art der Knochenveränderung") vorgelegte grobe Klassifikation eine erste Einordnung zum Ziel hat. Begriffliche Klarheit, die erreicht werden soll, bedeutet nicht, daß im Röntgenbild jede Läsion leicht einer „Schublade" zuzuordnen ist. Übergänge sind normal, aber auch diese kann man nur definieren, wenn man die typischen Befunde kennt.

Merke:

Die *Exostosen* könnten ohne weiteres ebenfalls hier als eigener Punkt aufgeführt werden. Dies schon deshalb, weil Exostosen in aller Regel in das Schema (S. 33–49) nur mit Mühe oder auch gar nicht eingeordnet werden können. Da auch die Berandung der Läsion (S. 51 ff.) und die Periostreaktion (S. 61 ff.) häufig nicht eindeutig definiert werden können, stellen sie einen Sonderfall dar (S. 25 f.). Dies gilt insbesondere für das Osteochondrom.

Detaillierte Beschreibung fokaler Knochenläsionen im Röntgenbild („Symptombeschreibung“)

Im vorangegangenen Abschnitt wurde das prinzipielle Erscheinungsbild einer Knochenläsion erörtert. Im folgenden soll auf weitere Kriterien eingegangen werden, die schließlich Rückschlüsse auf das Wachstum und die Artdiagnose einer Läsion ermöglichen. Diese Kennzeichen sind im einzelnen:
- Berandung einer Läsion,
- Veränderungen der Kortikalis,
- verschiedene Periostreaktionen.

Berandung einer Knochenläsion

Jede röntgenologisch sichtbare Knochenläsion reflektiert das Ungleichgewicht von (osteoklastärem) Abbau und (osteoblastärem) Aufbau. An der Grenzzone zwischen normalem und gestörtem Knochenaufbau entstehen *Ränder*. Ihre röntgenologische Sichtbarkeit ist abhängig von
- der Lage im Knochen (Spongiosa und/oder Kortikalis),
- dem Ausmaß des Knochenverlustes,
- der Struktur und Dichte des angrenzenden (normalen) Knochens.

Aus diesem Grund sind Läsionen in der Metaphyse der Röhrenknochen besser sichtbar als in der spongiosaarmen Diaphyse. Auch ist deswegen die Ausdehnung metaphysärer Läsionen in die Diaphyse im Nativbild schwierig zu erfassen, und sklerotische Randsäume sind dort ungewöhnlich.

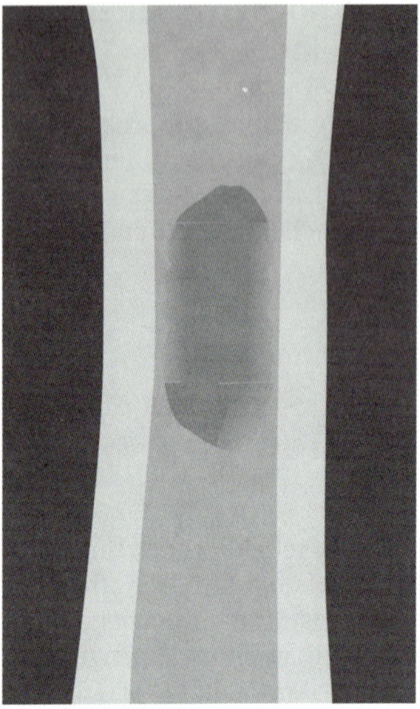

Abb. 3.**19** Berandung der Läsion (s. Text).

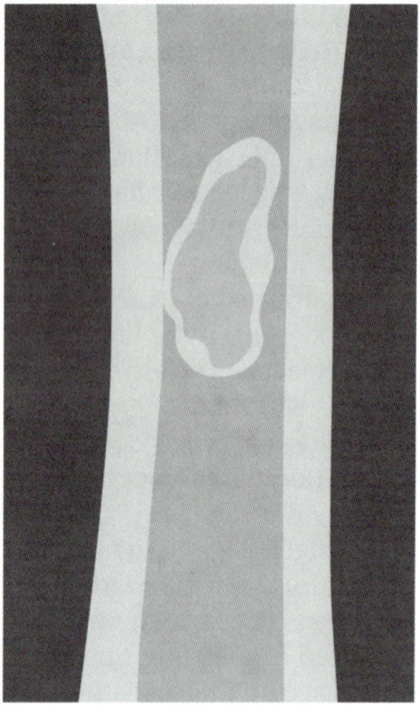

Abb. 3.**20** Sklerosesaum.

Definition: Die Berandung einer Läsion ist

scharf: wenn der Übergang zwischen normalem und pathologisch verändertem Knochen einer klar erkennbaren Linie folgt (die man ohne zu zögern mit dem Bleistift abfahren könnte, Abb. 3.**19**, oben). Eine scharf berandete Läsion kann teilweise oder vollständig von einem Skleroserand umgeben sein (Abb. 3.**20**).

unscharf: wenn die Übergangszone zwischen normalem und pathologisch verändertem Knochen breit ist, und man die Grenze der Läsion daher kaum erkennen kann (Abb. 3.**19**, Mitte). Eine irreguläre (gezackte, wellige, polymorphe) Berandung hat nichts mit der Schärfe zu tun!

teils/teils: wenn die Läsion z.T. scharf und z.T. unscharf berandet ist (Abb. 3.**19**, unten).

Siehe auch Tab. 3.**9**.

Tabelle 3.**9** Berandung der Läsion: Einfluß auf die Differentialdiagnose (Übersicht)

Berandung	Klassische Beispiele
Scharfer Rand *mit* Sklerose (die sklerotische Begrenzung kann breit sein)	– Knochenzyste – fibröser Kortikalisdefekt – fibröse Dysplasie – Brodie-Abszeß/Tuberkulom – Osteoblastom
Scharfer Rand *ohne* Sklerose	– Metastasen – eosinophiles Granulom – Riesenzelltumoren – Plasmozytom – maligne Lymphome
Unscharfer Rand	– akute Osteomyelitis – Metastasen – maligne Lymphome – Riesenzelltumoren – Osteosarkom – Ewing-Sarkom

„Keine Berandung" bedeutet, die Läsion durchsetzt den *ganzen* Knochen. Ohne Übergang zum Gesunden kann es keinen Rand geben. Dies trifft für kleine Knochen, z.B. an der Hand oder am Fußskelett, nicht selten zu (Abb. 3.**18**).

Merke:
- Spongiöser Knochen wird schneller zerstört als kortikaler; die Veränderungen in der Spongiosa werden jedoch später sichtbar.
- 30–50% der Spongiosa müssen zerstört sein, ehe man in der Nativaufnahme einen Dichteunterschied und damit einen „Rand" erkennen kann.
- Je älter der Patient, desto schwieriger und später sind Knochenprozesse zu erfassen; dies gilt auch und insbesondere für „Ränder".

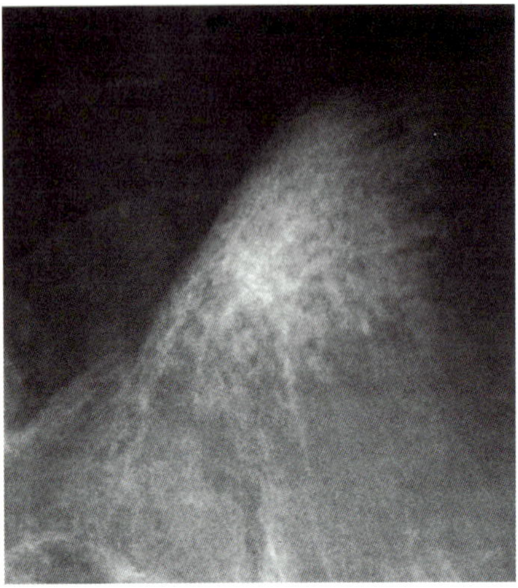

Abb. 3.**21** Unscharfer Rand bei einer sklerosierten Läsion (Hämangiom).

Cave!
Bei sklerotischen Prozessen (z.B. nichtossifizierendem Fibrom, chronischer Osteomyelitis etc.) oder Läsionen mit kräftigem Sklerosesaum kann der Rand unscharf sein, ohne daß dies als Hinweis auf ein schnelles, aggressives Wachstumsverhalten gewertet werden darf. Im abgebildeten Fall (Abb. 3.**21**) handelte es sich um ein Hämangiom.

Merke:
Ein sklerotischer Randsaum zeigt ein langsames Wachstum der Läsion an. Osteoblasten haben Zeit, eine „Schutzmauer" zu bilden. Je weniger Sklerose und je unschärfer der Rand, desto aggressiver ist das Wachstumsverhalten der Läsion.

Veränderungen der Kortikalis

Die Kortikalis ist am Röhrenknochen diaphysär am stärksten ausgeprägt und verdünnt sich langsam Richtung Metaphyse und Epiphyse. An den knorpelig überzogenen Gelenkflächen gibt es *keine* Kortikalis, sondern nur eine hauchdünne subchondrale Grenzlamelle.

Endostale Verdünnung der Kortikalis

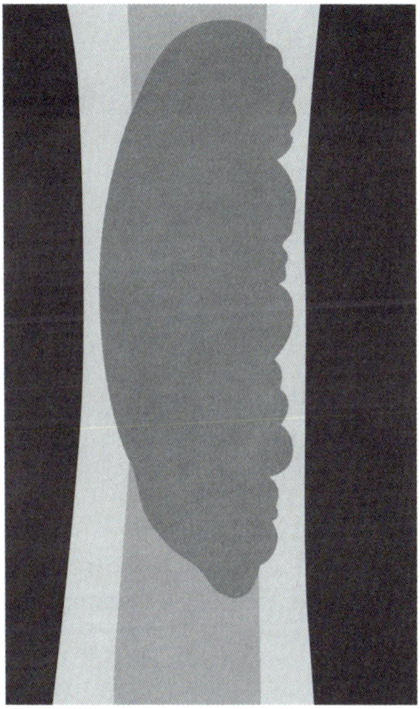

Diese Verdünnung kann linear oder halbmondförmig ausgeprägt sein. In der Diaphyse findet sich häufig eine gelappte Verdünnung (Abb. 3.**22**).

Abb. 3.**22** Endostale Verdünnung der Kortikalis.

Merke:
Eine vertikale Ausbreitungsrichtung einer Läsion im Knochen und gleichzeitig eine ausschließlich endostale Verdünnung der Kortikalis ist beweisend für eine langsame Wachstumstendenz einer Läsion. Klassisches Beispiel: Enchondrom.

Endostale Verdickung der Kortikalis

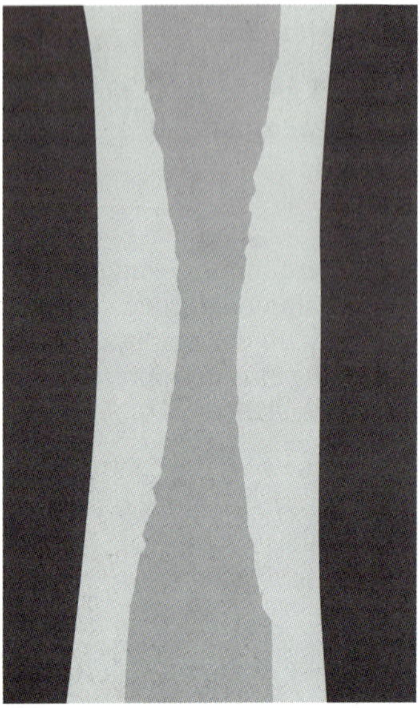

Die Differenzierung zu periostalen Knochenneubildungen, die sich auf den Innenrand der Kortikalis projizieren, ist häufig schwierig (Abb. 3.**23**). Bei Bedarf bieten Zielaufnahmen in tangentialer Projektion Abhilfe.

Abb. 3.**23** Endostale Verdickung der Kortikalis.

Merke:
Die endostale Verdickung der Kortikalis ist das Zeichen eines langsamen Wachstums. Klassisches Beispiel: chronische Osteomyelitis.

Kortikalisdestruktion (durchbrochen/nicht durchbrochen)

Der Vergleich mit einer Mauer oder Wand ist geeignet, die Veränderungen zu erläutern. *Durchbrochen* bedeutet, es liegt ein mehr oder weniger großes „Loch" in der Kortikalis vor (Abb. 3.**24**). *Nichtdurchbrochen* heißt, die Mauer „steht" noch, sie ist aber in sich schon morsch (Abb. 3.**25**). Diese Knochendestruktion führt oft zum Eindruck „Mottenfraß" (S. 44).

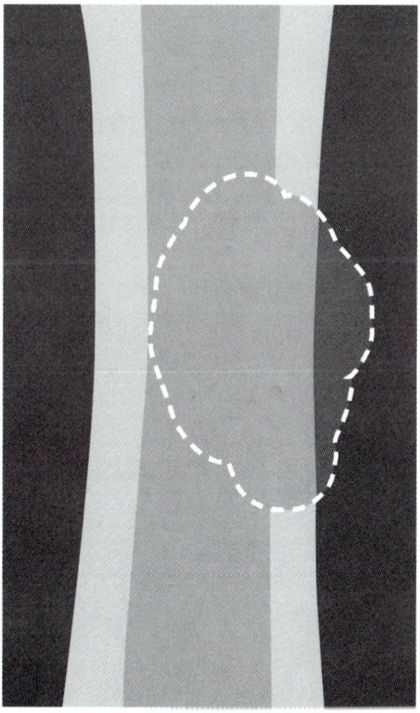

Abb. 3.**24** Durchbrochene Kortikalisdestruktion.

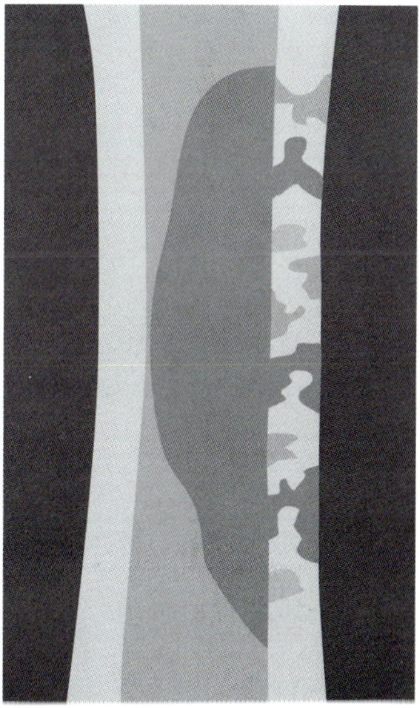

Abb. 3.**25** Nichtdurchbrochene Kortikalisdestruktion.

Fehlt eine *gleichzeitige* solide Periostreaktion („Knochenschale"), ist eine Kortikalisdestruktion immer ein Hinweis auf ein schnelles, aggressives Wachstum einer Läsion.

Merke:
- Praktisch wichtige Zeichen der Kortikalisdestruktion an der Wirbelsäule:
  - fehlende Abgrenzbarkeit eines Wirbelbogens,
  - Fehlen einer Wirbelkörper„ecke".
- Das Ausmaß der Knochendestruktion in der Nativaufnahme ist in der Regel nicht identisch mit dem Ausmaß der Läsion (Läsion > Destruktion).

Neokortex

Definition: Von einem Neokortex spricht man, wenn die ursprüngliche Kortikalis durch eine Knochenschale ersetzt ist (Abb. 3.**26** und 3.**27**).

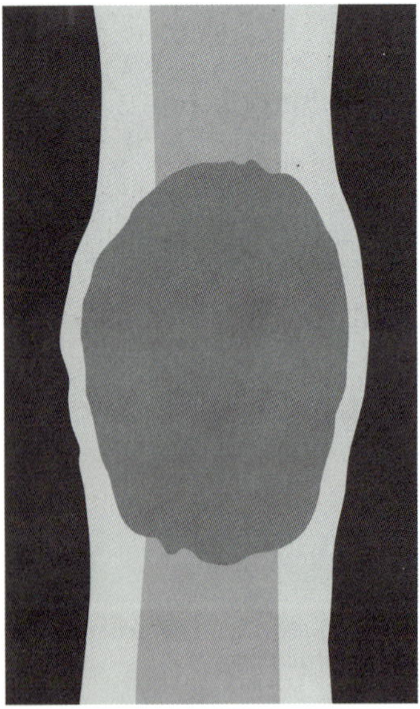

Abb. 3.**26** Neokortex.

Cave!
Es gibt keine „Auftreibung" des Knochens oder der Kortikalis. Wirkt der Knochen aufgetrieben, so bedeutet dies **immer** eine Zerstörung der originären Kortikalis und einen gleichzeitigen periostalen Neuaufbau am Rand der Läsion (S. 62 ff.).

Merke:
Der Nachweis eines „Neokortex" ist ein Hinweis auf ein langsames Wachstum der Läsion.

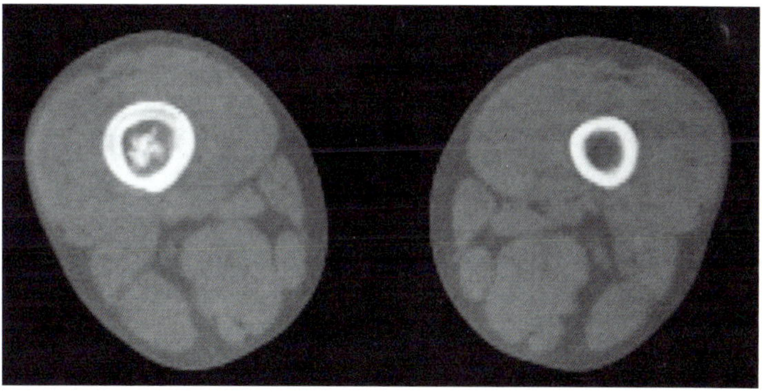

Abb. 3.**27** Der Seitenvergleich zeigt deutlich den vergrößerten Durchmesser des linken Femurs aufgrund der Bildung eines Neokortex um die hier vorliegende Läsion (Enchondrom).

Verdünnung der Kortikalis von außen

Es handelt sich entweder um juxtakortikale/periostale Knochenläsionen oder um Weichteilläsionen, die zu dieser Veränderung führen (Abb. 3.**28 a**).

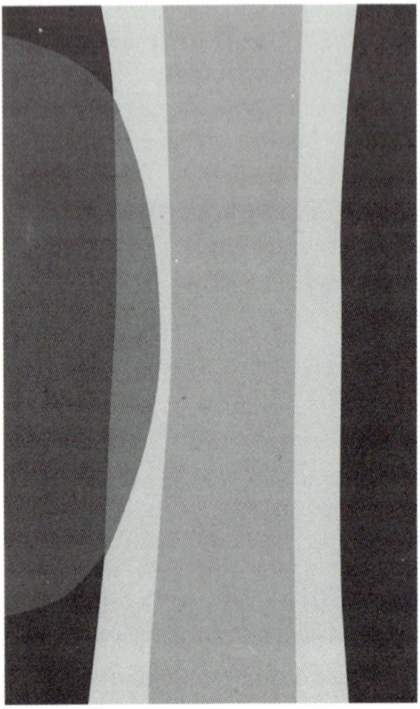

Abb. 3.**28 a** Verdünnung der Kortikalis von außen.

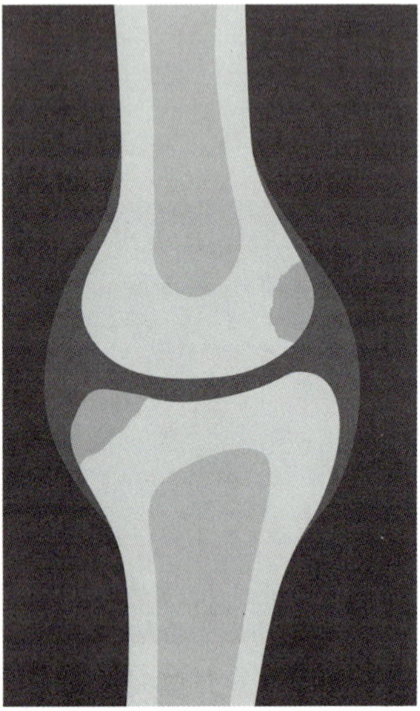

Abb. 3.**28 b** Erosion.

Definition: Der Begriff *Erosion* bedeutet eine Verdünnung oder Destruktion der Kortikalis von außen durch einen „gefangenen" Prozeß, der keinen freien Zugang zu den Weichteilen hat.

Klassisches Beispiel sind erosive Veränderungen an den nicht von Knorpel bedeckten, intrakapsulären Knochenanteilen („bare area") (Abb. 3.**28 b**).

Periostreaktion

Zum Verständnis

Die Stimulation einer Knochenproduktion durch das Periost stellt in erster Linie einen Anpassungsvorgang dar, der die Stabilität des Knochens erhalten soll. Dies wird besonders bei durch Osteolysen induzierten Periostreaktionen deutlich. Aber auch eine Hyperämie oder eine Zirkulationsstörung der umgebenden Weichteile können Anlaß für eine Periostreaktion sein. Eine periostale Knochenneubildung wird durch die Existenz von Fibroblasten am Innenrand des Periosts ermöglicht. Es handelt sich um eine spezielle Form von Fibroblasten mit der Potenz, sich in Osteoblasten umzubilden (Metaplasie).

Die Periostreaktion ist ein ausgesprochen wichtiger Indikator der biologischen Aktivität einer Läsion. Aggressivität und Dauer des auslösenden Prozesses sind durch die Analyse der Periostreaktion abzuschätzen.
Eine Periostreaktion ist sowohl bei intakter als auch bei zerstörter Kortikalis möglich. Die Periostreaktion selbst kann wiederum unterbrochen sein. Dies ist ein *wichtiger Hinweis auf ein aggressives Wachstumsverhalten.*

Merke:
10 Tage sind das Minimum, ehe eine Periostreaktion radiologisch sichtbar werden kann. Je älter der Patient, desto verzögerter kommt die Periostreaktion zur Abbildung.

Eine Periostreaktion fehlt, wenn
- die Läsion derart langsam wächst, daß sie keine Stimulation des Periosts hervorruft,
- die Läsion derart schnell wächst, daß sich keine Periostreaktion ausbilden konnte,
- die Läsion sehr klein ist.

Merke:
Das Fehlen einer Periostreaktion darf nicht als Zeichen eines langsamen Wachstums fehlinterpretiert werden.

Solide Periostreaktion (Tab. 3.**10**)

Definition: Multiple Lagen von Knochen bilden eine kräftige Auflagerung auf eine radiologisch intakte Kortikalis oder haben die Kortikalis ersetzt („Neokortex") (Abb. 3.**29 a**; s. auch Abb. 5.**2**).

Beide Formen sind Hinweise auf eine geringe biologische Aktivität.

Sonderformen:

- Eine mehr *undulierende,* langgestreckte Form der soliden Periostreaktionen (Abb. 3.**29 b**, 3.**30 a**).
- *Knotige,* noduläre Formen (Abb. 3.**30 b**).
- *Lobulierte* Periostreaktion. Nicht selten bei periostalen Läsionen (z. B. Hämatome); eine Kortikaliszerstörung ist nicht obligat.
- *Trabekulierte* Periostreaktion („Seifenblase") (Abb. 3.**29 c**). Zu beachten ist, daß die nach außen abgrenzende Schale teilweise sehr dünn sein kann. Nur die Form unterscheidet sie dann von der Lamelle (S. 64 ff.).
- *Sporn* oder Pfeiler. Dies bezeichnet eine solide, unterbrochene Periostreaktion. Dieses radiologisch sichtbare Merkmal ist vielfach ein Hinweis auf ein zweizeitiges Wachstum (die Läsion „erwacht", bzw. es handelt sich um eine Malignisierung einer primär benignen Läsion) (Abb. 3.**29 d**).

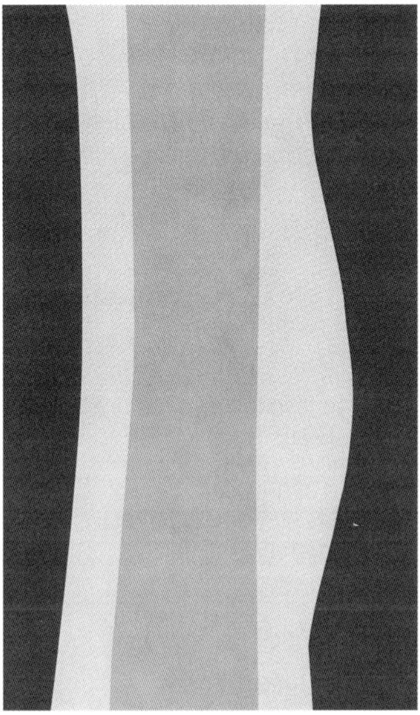

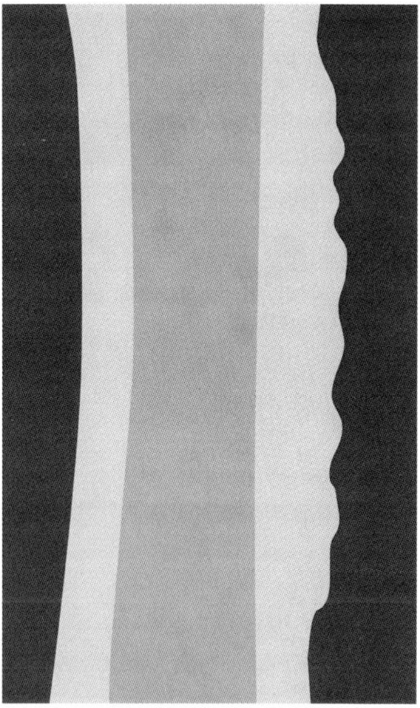

Abb. 3.**29** **a** Solide Periostreaktion. **b** Undulierende Periostreaktion.

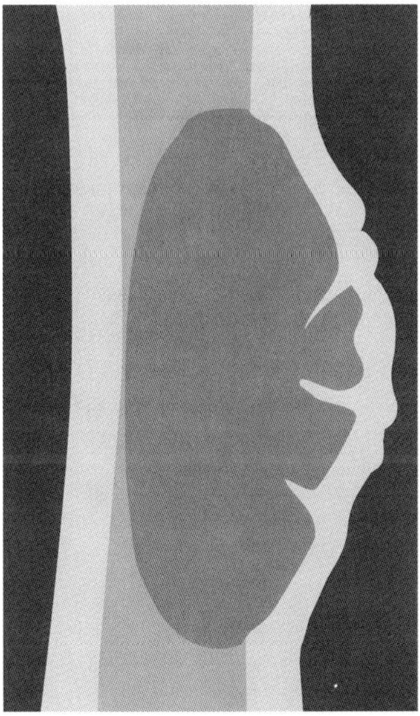

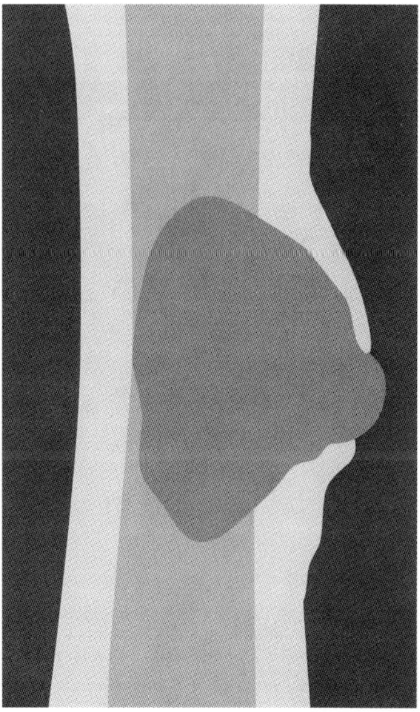

c Trabekulierte Periostreaktion. **d** Sporn.

Tabelle 3.10 Klassische Beispiele für eine solide Periostreaktion

Form der Periostreaktion	Beispiele
Solide Periostreaktion	– Zustand nach Trauma (auch: Battered child) – chronische Osteomyelitis – Osteoidosteom – Knochenzysten
***Sonderform:* undulierende Periostreaktion**	– hypertrophische Osteoarthropathien (Marie-Bamberger) – chronisch venöse Insuffizienz
***Sonderform:* noduläre Periostreaktion**	– chronisch venöse Insuffizienz – chronische Osteomyelitis
***Sonderform:* lobulierte/ trabekulierte Periostreaktion**	– periostales Chondrom – aneurysmatische Knochenzyste – periostales Hämatom – Metastasen
***Sonderform:* Sporn, Pfeiler**	– Metastasen – Enchondrom – maligne Lymphome

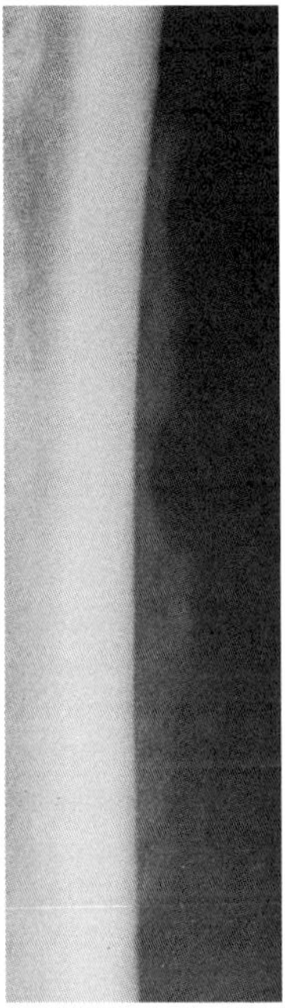

Abb. 3.**30** **a** Undulierende Periostreaktion.

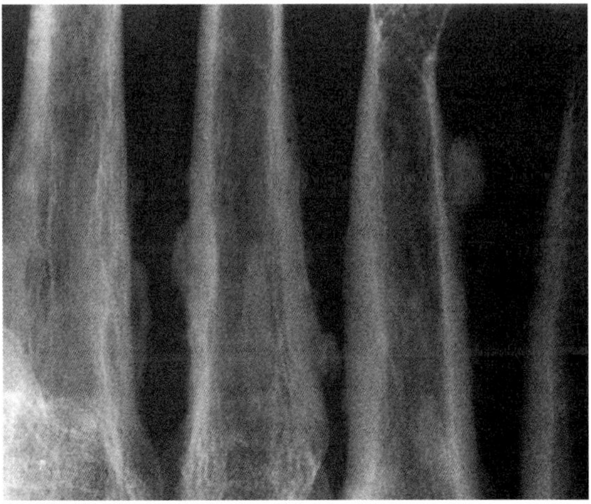

b Noduläre Periostreaktion.

Lamelläre Periostreaktion (Tab. 3.**11**)

Einzelne Lamelle (Abb. 3.**31 a**):
Eine Lamelle kann unterschiedlich dick sein, je dicker, desto weniger aggressiv wächst der Prozeß. Der Übergang zur soliden Periostreaktion ist fließend; ab einer Dicke von etwa 2 mm sollte man von einer soliden Periostreaktion sprechen. Die Kortikalis kann gleichzeitig zerstört sein. Der Begriff Lamelle bedeutet allerdings nicht, daß es sich immer um einen scharfen Strich handelt (Abb. 3.**31 b**).

Definition: Das *Codman-Dreieck* bezeichnet die unterbrochene Form der *einzelnen* (oder auch mehrerer) Lamelle(n) (Abb. 3.**31 c**). Die Kortikalis ist in der Regel destruiert.

Die Definition des Codman-Dreiecks ist eindeutig, obwohl der Begriff falsche Assoziationen hervorruft. In der englischen Literatur wird deshalb lieber von „angle" gesprochen. Das Codman-Dreieck muß eindeutig vom Sporn getrennt werden (Abb. 3.**29 d**).

Multilamelläre Periostreaktion („Zwiebelschale") (Abb. 3.**31 d**):
Zu beachten ist, daß die einzelnen, parallel angeordneten Lamellen unterschiedlich dick und – je nach Güte der Röntgenaufnahme – schwer zu trennen sein können. Aus diesem Grunde ist die Differenzierung zur soliden Periostreaktion nicht immer ganz einfach, jedoch praktisch von großer Bedeutung. Der Nachweis einer multilamellären Periostreaktion bedeutet, daß die Wachstumsrate der Läsion zwischen einer soliden periostalen Reaktion und einer unilamellären periostalen Reaktion anzusiedeln ist.

Merke:
- Im Baby- und Kleinstkindesalter kommen multilamelläre Periostreaktionen physiologisch vor. Sie sind als Akzellerationen des normalen Knochenwachstums zu verstehen.
- Eine *unterbrochene,* multilamelläre Periostreaktion ist in aller Regel ein Hinweis auf eine maligne Neoplasie.

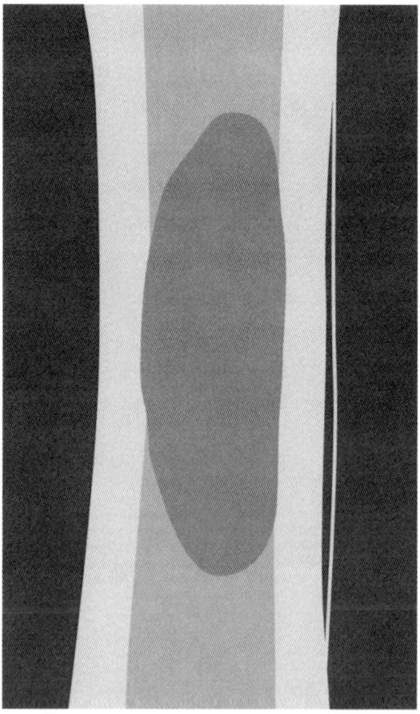

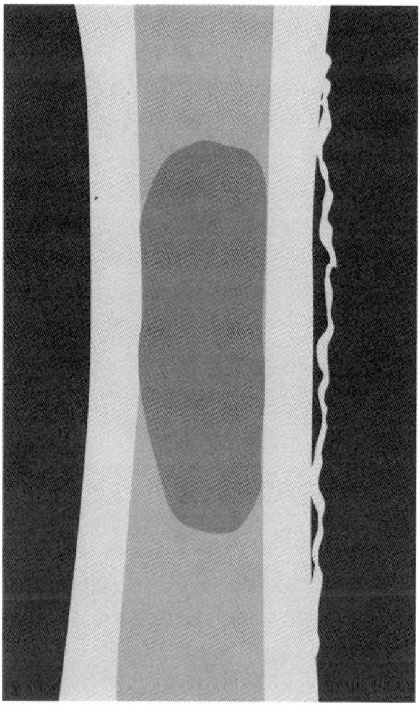

Abb. 3.**31** **a** Einzelne Lamelle. **b** Sonderform der Lamelle.

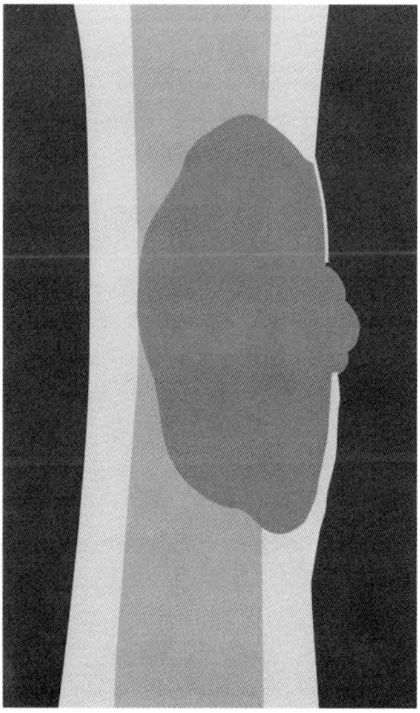

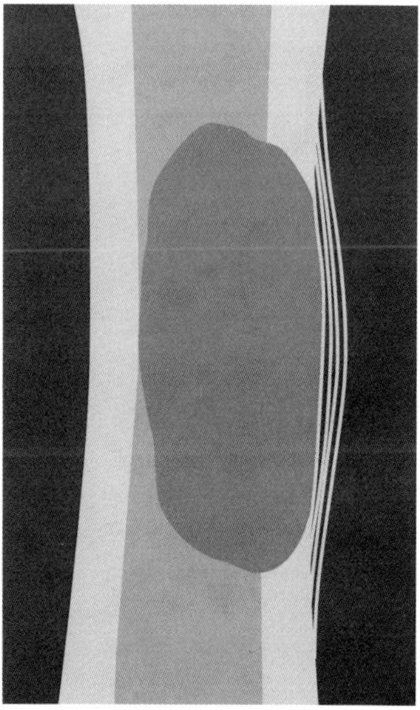

c Codman-Dreieck. **d** „Zwiebelschale“.

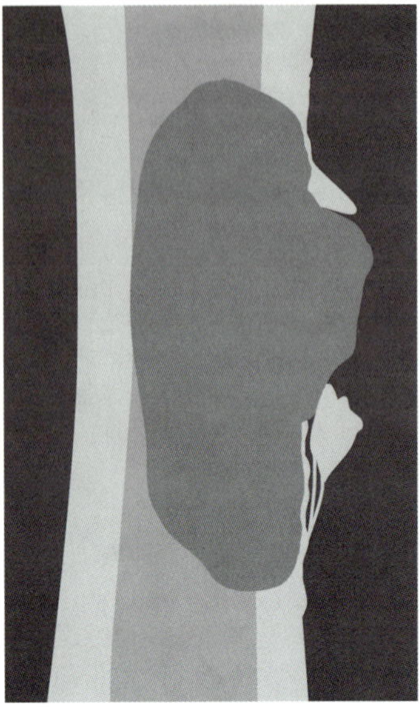

Sonderform: Auch bei der lamellären Periostreaktion können noduläre Auflagerungen vorkommen (z. B. bei entzündlichen Knochenprozessen) (Abb. 3.**32**).

Abb. 3.**32** Lamelläre Periostreaktion mit nodulären Auflagerungen.

Tabelle 3.**11** Klassische Beispiele für eine lamelläre Periostreaktion

Form der Periostreaktion	**Beispiele**
Einzelne Lamelle	– Osteomyelitis (akut) – Metastase – Ewing-Sarkom
***Sonderform:* Codman-Dreieck**	– Ewing-Sarkom – Osteomyelitis – Metastase
Multiple Lamellen	– periostales Hämatom – Streßfraktur – Osteosarkom – Metastasen – Ewing-Sarkom – Osteomyelitis
***Sonderform:* lamelläre Periostreaktion mit nodulären Auflagerungen**	– hypertrophische Osteoarthropathien (Marie-Bamberger) – Osteomyelitis – eosinophiles Granulom – Osteoblastom

Spiculae (Tab. 3.**12**)

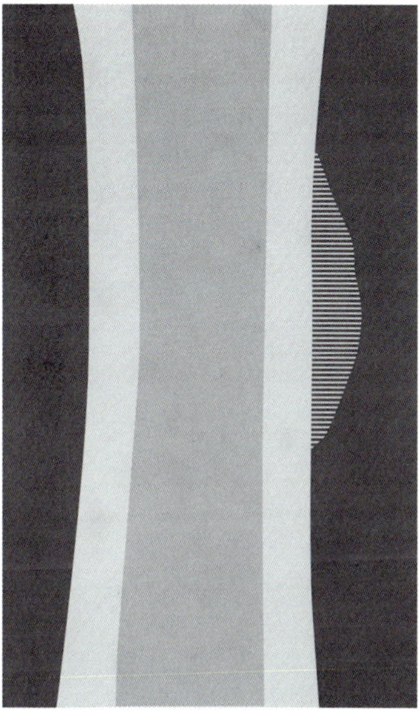

Abb. 3.**33** Spiculae.

Definition: Streifige, parallele, senkrecht zur Kortikalis stehende Knochenneubildungen. Die Kortikalis ist dabei häufig intakt. Durch tumoröses Wachstum kann auch die spikuläre Form der Periostreaktion unterbrochen werden (Abb. 3.**33**, s. auch Abb. 3.**35 a**).

Zum Verständnis

Die Knochenneubildung entwickelt sich entlang von Sharpey-Fasern, die sich zwischen Kortex und Periost befinden. Auch senkrecht zwischen Kortex und Periost angeordnete Blutgefäße werden als Leitschiene der spikulären Periostreaktion angesehen.

Bei der Thalassämie („hair on end“) ist die Länge der Spiculae sehr konstant. Es entsteht ein regelmäßiges Bild, im Gegensatz zu den tumorinduzierten Spiculae.

Komplexe Periostreaktionen (Tab. 3.**12**)

Hierunter sind Varianten der spikulären Periostreaktion wie das sog. Sunburst-Phänomen zu verstehen (Abb. 3.**34**). Hier sind die länglichen, unterschiedlich dicken und langen Knochenverdichtungen divergierend, also nicht regelmäßig angeordnet. Reaktive Knochenveränderungen sind hier nicht selten schwierig von tumoröser Knochenproduktion zu trennen. Auch ungeordnete, aber flächenhafte Periostreaktionen sind den komplexen Reaktionen zuzuordnen. Beispiel: Metastasen.

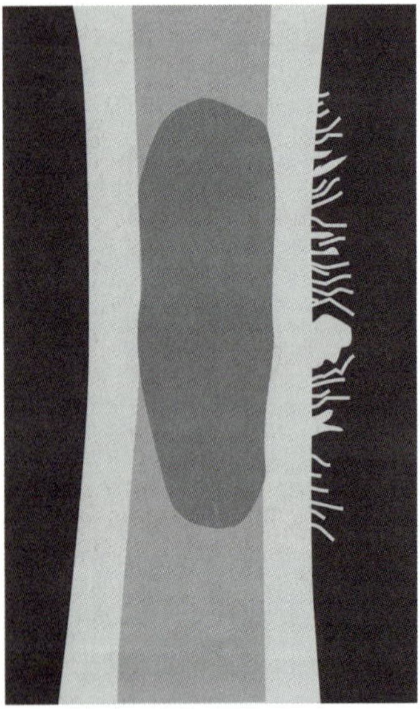

Abb. 3.**34** Sunburst-Phänomen.

Merke:
Übergänge zwischen allen beschriebenen Periostreaktionen, aber auch ein gleichzeitiges Vorkommen verschiedener Periostreaktionen sind möglich.
Solide, lamelläre und spikuläre Periostreaktionen können auf normalen Röntgenbildern oder im CT nicht immer getrennt werden. Aufnahmen mit kleinstem Fokus oder mit hochauflösender Folie sind dann von Bedeutung.

a c

b

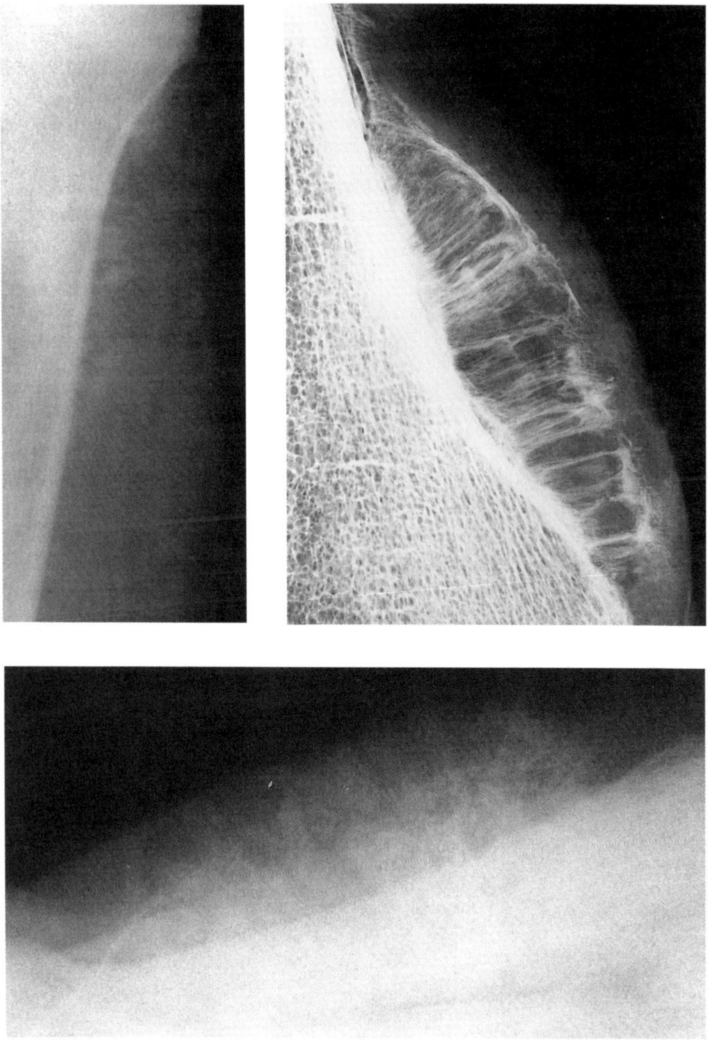

Abb. 3.**35 a – c** Spiculae und komplexe Periostreaktion. **a** Spiculae sind in ihrer typischen Erscheinungsform zu erkennen. **b** Flächenhafte komplexe Periostreaktion. **c** Mischform (Präparateradiographie). Diagnose in allen drei Fällen: Osteosarkom.

Tabelle 3.**12** Klassische Beispiele für Spiculae und komplexe Periostraktionen

Form der Periostreaktion	Beispiele
Spiculae	– Osteosarkom – Ewing-Sarkom – Thalassämie (Schädel)
Komplexe Periostreaktion	– Metastasen – Osteosarkom – Ewing-Sarkom

Weichteilinfiltration

Eine Ausbreitung der Knochenläsion in die Weichteile ist dann ein Hinweis auf ein schnelles Wachstum, wenn der Knochen nicht in der Lage ist, einen Neokortex um diese Läsion zu bilden. Während große Weichteilinfiltrationen auch mit dem Röntgenbild sicher erkannt oder zumindest vermutet werden können, bleibt es bei kleineren Prozessen den Schnittbildverfahren (Ultraschall, CT, MRT) überlassen, endgültig diesen Befund zu erheben bzw. ihn zu verifizieren (Abb. 3.**36**).

a

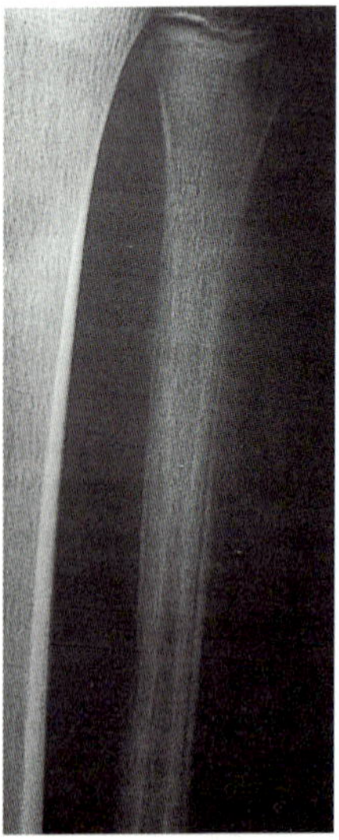

b

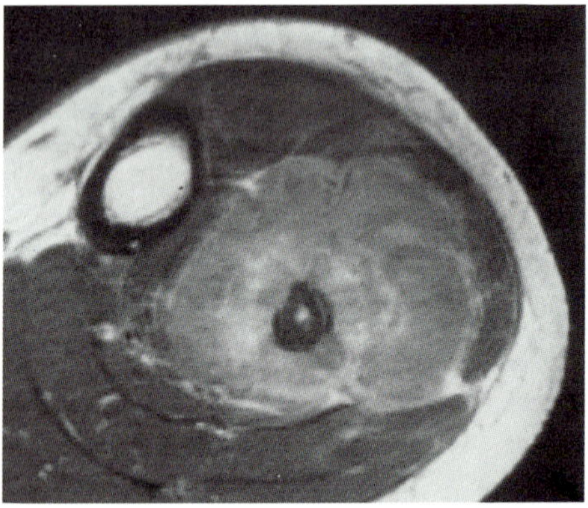

Abb. 3.**36** Ewing-Sarkom. **a** Nativbild. **b** Im MRT zeigt sich das enorme Ausmaß der Weichteilinfiltration.

4. Beurteilung der Aggressivität einer Knochenläsion: Konzept der Wachstumsrate

Die Beurteilung der Aggressivität einer Läsion, die Schnelligkeit ihres Wachstums bzw. ihrer Ausbreitung im Knochen ist einer der *wesentlichsten* Beiträge, die die diagnostische Radiologie in der Skelettdiagnostik liefern kann. Gelingt es, die Wachstumsrate zu bestimmen, bildet dies häufig die Grundlage der Differenzierung von benignen und malignen Läsionen; zudem werden artdiagnostische Überlegungen unterstützt. Dies betrifft in erster Linie die Knochentumoren und tumorartige Läsionen, aber auch die Entzündungen. Die Bestimmung der Wachstumsrate im *Röntgenbild* ist auch ein Hilfsmittel bei der *histologischen* Beurteilung von Knochenprozessen.

Zur Geschichte

Der Pionier dieser Herangehensweise war G. S. Lodwick, der, aufbauend auf Arbeiten von Johnson, eine weltweit bekannte Klassifikation der Wachstumsrate lieferte. Seine vor allem in Lehrbüchern regelmäßig zitierte Klassifikation hat jedoch zwei Nachteile: Zum einen beschränkt sich das System auf osteolytische Läsionen, zum anderen hat sich die Gliederung in fünf Gruppen für klinische Fragestellungen nicht bewährt. Dies hat dazu geführt, daß das System nicht die praktische Bedeutung erlangt hat, die es vom Prinzip her verdient. Unseres Wissens wurde die Idee, eine Einteilung in drei Gruppen vorzunehmen, zum ersten Mal von Terry M. Hudson vorgestellt.

Einteilung von Knochenläsionen anhand der Wachstumsrate (Stadium I – III)

Stadium I: nichtaggressives, langsames oder gar stationäres Wachstum **(„latent“)**.
Stadium II: intermediäres Wachstum bzw. intermediäre Ausbreitungsgeschwindigkeit **(„aktiv“)**.
Stadium III: aggressives Wachstum, schnelle Ausbreitung der Läsion **(„aggressiv“)**.

Merke:
- Schnelles Wachstum wird in der Knochenradiologie mit aggressivem Wachstum gleichgesetzt.
- Es ist von wesentlicher Bedeutung, die Schnelligkeit des Wachstums einer Läsion, ihre Ausbreitungsgeschwindigkeit nicht mit Dignität, d. h. mit der Benennung als benigne, semimaligne oder maligne Läsion gleichzusetzen.

Zweifelsohne ist der Nachweis einer aggressiven Wachstumstendenz ein Hinweis auf ein malignes Geschehen. Allerdings gibt es Fälle mit sehr aggressivem Wachstum (Stadium III), bei der es sich z. B. um eine akute Osteomyelitis handelt. Genauso können Metastasen von sklerotischen Randsäumen umgeben sein und als Stadium I eingestuft werden.

Zudem ist mit aller Klarheit festzuhalten, daß sich die Wirklichkeit, wie sie sich uns in Röntgenbildern präsentiert, nie exakt in drei, fünf oder noch so viele Gruppen einzwängen läßt. Selbstverständlich ist es möglich, im Einzelfall auch Zwischenformen zu bilden (z. B. „II/III“). Man muß sich immer wieder darüber im klaren sein, daß es nur darum geht, eine Vorstellung für die ablaufenden pathophysiologischen Vorgänge zu entwickeln. Es gilt, wie es J. Ewing postuliert hat, die „Konzeption“ der Erkrankung zu erfassen.

Die Abb. 4.**1 a–c** sind Beispiele für die drei Stadien der Wachstumsrate. Bei dem nichtossifizierenden Fibrom in Abb. 4.**1 a** (latent) sind die vollständig scharfe und sklerosierte Berandung für die Einordnung ausschlaggebend. Abb. 4.**1 b** (aktiv, aneurysmatische Knochenzyste) zeigt die teilweise Randunschärfe ohne Sklerose bei intakter Kortikalis. In Abb. 4.**1 c** (aggressiv, malignes fibröses Histiozytom) sind es die vollständig unscharf berandeten, multiplen Aufhellungen mit zerstörter Kortikalis, komplexer Periostreaktion und Weichteilinfiltration, die wegweisend sind.

Tab. 4.**1** und 4.**2** (S. 78 f.) gehen ausführlich auf die Beziehungen zwischen Röntgenzeichen und den drei Stadien der Wachstumsrate ein. Dabei gelten folgende Leitlinien:

Regel **1** Hinweise auf ein wenig aggressives Wachstum sind:
- solitäre Verdichtung
- scharfe Berandung sowie Randsklerose
- nur endostal veränderte Kortikalis
- Neokortex
- solide Periostreaktion

Regel **2** Hinweise auf ein sehr aggressives Wachstum sind:
- Mottenfraß sowie permeatives Wachstum
- unscharfe Berandung
- zerstörte Kortikalis
- Spiculae sowie lamelläre oder komplexe Periostreaktion
- Weichteilinfiltration

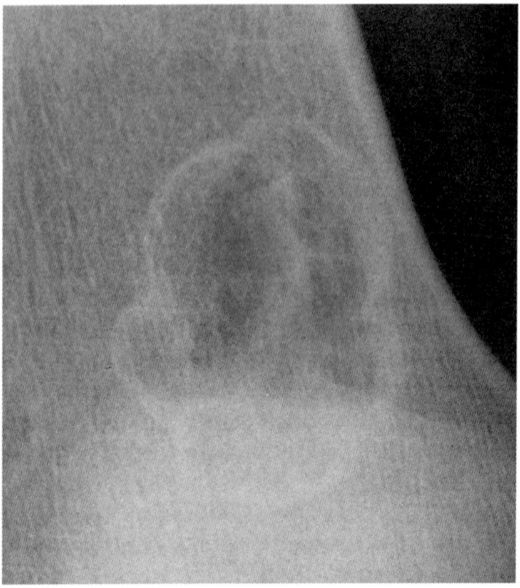

Abb. 4.**1 a** Wachstumsrate Stadium I: **latent.** Nichtossifizierendes Fibrom.

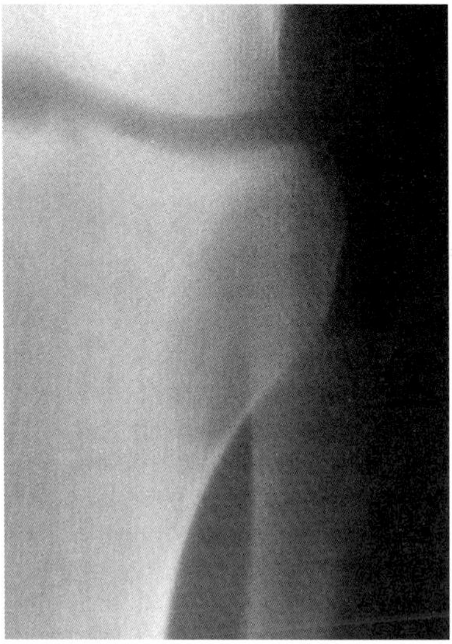

Abb. 4.**1 b** Wachstumsrate Stadium II: **aktiv.** Aneurysmatische Knochenzyste.

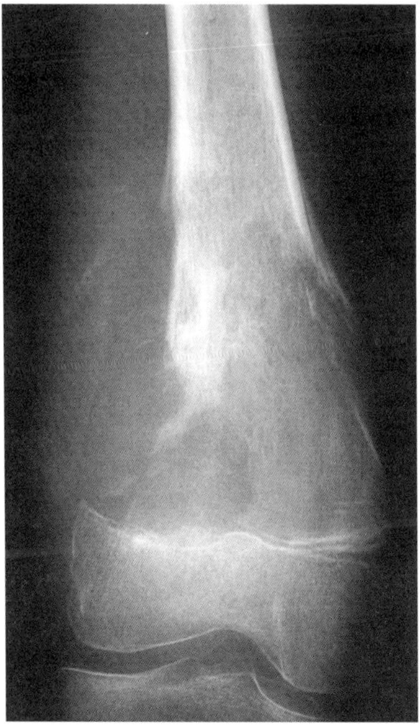

Abb. 4.**1 c** Wachstumsrate Stadium III: **aggressiv.** Malignes fibröses Histiozytom.

Tabelle 4.1 Beziehung zwischen der Beschreibung einer Knochenläsion („Art") und den drei Stadien der Wachstumsrate

Wachstumsrate

I langsames oder stationäres Wachstum („latent")
II intermediäres Wachstum/intermediäre Ausbreitung („aktiv")
III schnelles Wachstum, schnelle Ausbreitung der Läsion („aggressiv")

Art der Läsion	**I**	**II**	**III**
Solitäre Aufhellung			
Solitäre Verdichtung			
Solitäre gemischte Läsion			
Multiple Aufhellungen (mit Verdichtungen)			
Multiple/flächige Verdichtungen (mit Aufhellungen)			
„Mottenfraß" (multiple irreguläre Aufhellungen)			
Homogene multiple Aufhellungen			
Homogene Verdichtung des ganzen Knochens			

Zum Gebrauch: Die Balken geben an, für welchen Teil der Bandbreite (I – III) der Wachstumsrate das jeweilige Röntgenzeichen hinweisend ist. Je kürzer der Balken, desto „spezifischer" erlaubt das Röntgenzeichen eine Einordnung. Klar wird auch, daß eine Reihe von Röntgenzeichen (langer Balken) nicht aussagekräftig ist

Tabelle 4.2 Weitere Röntgenbefunde und ihre Beziehung zu den drei Stadien der Wachstumsrate

Röntgenzeichen bei fokaler Knochenläsion	I	II	III
Berandung der Läsion			
scharf			
unscharf			
teils/teils			
Sklerose vollständig			
Sklerose teils/teils			
keine Berandung			
Kortikalis			
normal			
endostal verdünnt			
endostal verdickt			
zerstört			
Neokortex			
Periostreaktion			
keine			
solide (glatt)			
solide (lobuliert/Trabekel)			
solide (unterbrochen)			
lamellär (uni, multi)			
Spiculae, komplex			
Weichteilinfiltration			
vorhanden			
nicht vorhanden			

5. Beurteilung der Matrix in Röntgenbild und CT

Definition: Matrix ist die *interzelluläre* Substanz, die durch mesenchymale Zellen produziert wird. Dazu gehören Osteoid, Knorpel, myxoide Grundsubstanz und (fibröse) Kollagenfasern.

Matrixproduktion ist ein physiologischer Vorgang. Aber genauso, wie ein normaler Osteoblast Osteoid bildet, kann auch ein tumoröser Osteoblast Osteoid bilden. Aus diesem Grunde ist die Matrixproduktion für die Einordnung von verschiedenen Knochentumoren sehr interessant geworden. Man unterscheidet *matrixproduzierende* Tumoren (z.B. Osteosarkom, Enchondrom, Chondromyxoidfibrom) von *nichtmatrixproduzierenden* Tumoren (z.B. Riesenzelltumor, Ewing-Sarkom). Im Röntgenbild hat sich der Versuch einer Unterscheidung in knöcherne Matrix und knorpelige Matrix bewährt, um Knochentumoren einzuordnen. Man sollte sich darüber im klaren sein, daß bei Knochentumoren histologisch noch weitere Formen der Matrix zu beobachten sind, wie das Myxoid und fibröses Gewebe. Die CT und vor allem die MRT erlauben eine im Vergleich zum Röntgenbild erweiterte Gewebecharakterisierung.
Es ist jedoch ein Irrglaube anzunehmen, daß die Matrixproduktion und ihr röntgenologisches Substrat nur im Zusammenhang mit Knochentumoren interessant sind. *Im Gegenteil!* Wir sehen in der täglichen Praxis mehr Matrixproduktion nach Traumen und Ischämien als bei Tumoren. Zudem finden wir auch bei Tumoren häufig mehr „reaktive" Matrixproduktion normaler Zellen im Randbereich von Tumoren als tumorzelleigene Matrixproduktion.

Knöcherne Matrix

Abb. 5.**1** zeigt, daß es auf unterschiedliche Weise zu einer Knochenneubildung kommen kann.

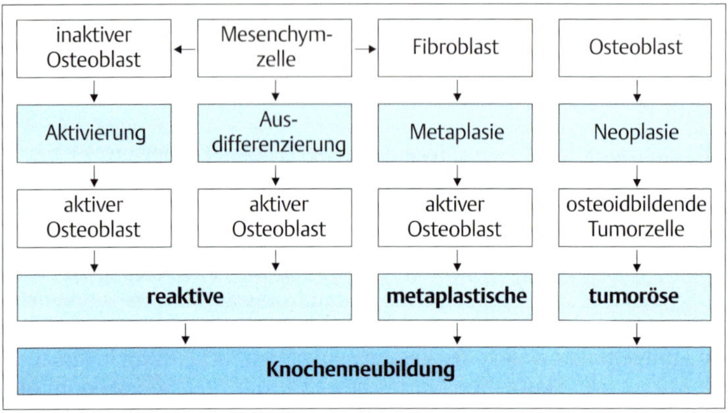

Abb. 5.**1** Mechanismen der Knochenneubildung.

Zum Verständnis

Binde- und Stützgewebe leitet sich von *mesenchymalen* Zellen ab. Die undifferenzierte Mesenchymzelle ist in der Lage, sich zu Fibroblasten, Osteoblasten, Chondroblasten und anderen Bindegewebszellen auszudifferenzieren. Auch beim Erwachsenen sind undifferenzierte Mesenchymzellen („Reserve“) überall vorhanden, um im Sinne der *Anpassung* und/oder *Reparatur* eingreifen zu können. Genauso ist es möglich, daß sich Fibroblasten in Osteoblasten umwandeln.

Reaktive Knochenneubildung

Ursache ist eine Osteoblastenstimulation an den Grenzflächen spongiöser Trabekel, an der Innenseite der Kortikalis und periostal. Auslösend können entzündliche oder neoplastische Prozesse sein. Aber auch *Traumen, Fremdkörper* oder *Ischämien* sind zu bedenken. Die Verstärkung einzelner Spongiosatrabekel bei der Altersosteoporose stellt als adaptiver Prozeß ebenfalls eine Form der reaktiven Knochenneubildung dar. Die reaktive Knochenneubildung ist häufig, im Gegensatz zur tumoreigenen Knochenneubildung (Abb. 5.**2**).

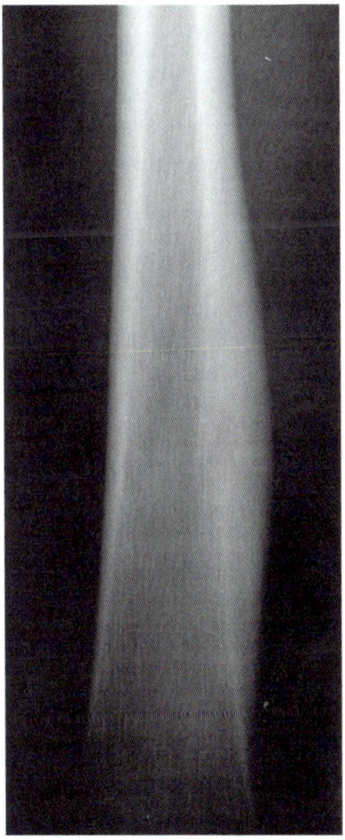

Abb. 5.**2** Reaktive Knochenneubildung bei einem Ostoidosteom.

Zum Verständnis
Wir unterscheiden die *chondrale Ossifikation* (Verknöcherung aus vorbestehendem Knorpelgewebe) von der *desmalen Ossifikation* (direkter Übergang von Mesenchymzellen in knochenbildende Zellen). *Reaktive* Knochenbildung ist praktisch immer desmale Ossifikation.

„Metaplastische“ Knochenneubildung

Definition: Metaplasie ist die Umwandlung eines Gewebes in ein nahe verwandtes.

Wie aus Abb. 5.**1** zu entnehmen, wird der Knochen nicht nur durch die normal im Knochen vorhandenen Osteoblasten gebildet, sondern auch durch Zellen, die sich aus einer pluripotenten Vorform (hier Fibroblasten) in osteoidproduzierende Osteoblasten umgewandelt haben.
Metaplastische Knochenneubildung kommt in einer Vielzahl von Knochen- und Weichteiltumoren vor (z.B. fibröse Dysplasie [Abb. 5.**3**], ossifizierendes Fibrom des Gesichtsschädels, malignes fibröses Histiozytom).
Zu ihr gehört nach strenger Definition auch die Kallusbildung.

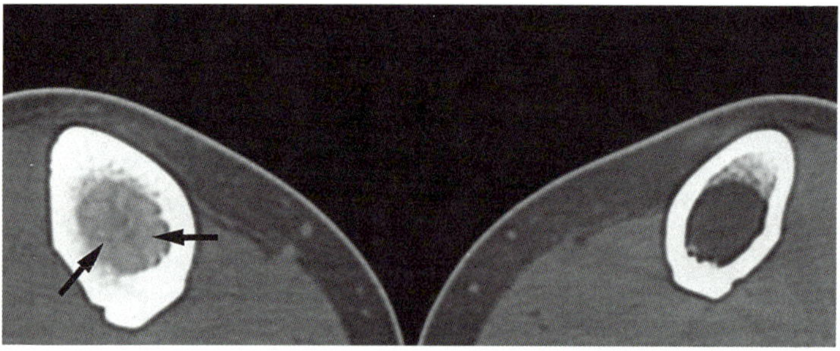

Abb. 5.**3** Die fibröse Dysplasie ist das klassische Beispiel für metaplastische Knochenneubildung. Der „milchglasartige“ Aspekt ist im CT besonders gut darstellbar (Pfeile). Nicht jede metaplastische Knochenneubildung zeigt diesen Effekt.

Zur metaplastischen Knochenbildung gehört auch die Umwandlung von fibrösem Gewebe im Randbereich von *ischämischen* Knochenerkrankungen (Osteonekrosen, Osteochondrosis dissecans, medulläre Knocheninfarkte [Abb. 5.**4**]).

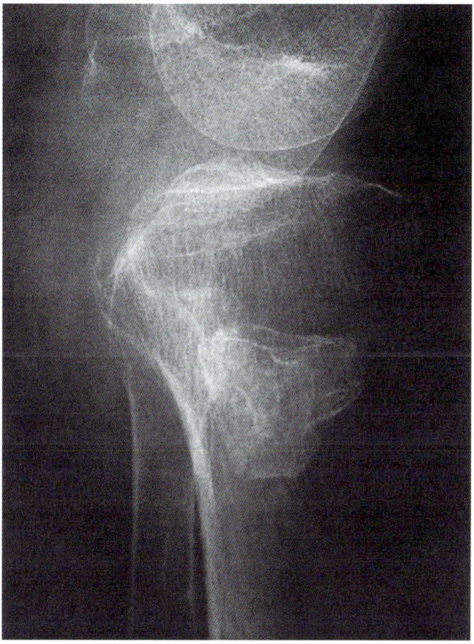

Abb. 5.**4** Knocheninfarkt.

Cave!
Die metaplastische Knochenneubildung bei Osteonekrosen hat **nichts** mit der dystrophischen Mineralisation (S. 88) von avitalem Gewebe zu tun, kommt jedoch häufig gleichzeitig vor.

Chondrale Knochenneubildung

Der letzte Schritt der chondralen Ossifikation, der Ersatz des kalzifizierten Knorpels durch Knochen, läuft physiologisch im Rahmen des Knochenan- und -umbaus ständig ab. Zudem ist die chondrale Ossifikation ein wesentlicher Schritt in der Frakturheilung. Aber: Die chondrale Ossifikation findet auch statt, wenn neoplastische Zellen Knorpel produzieren. Die hierzu nötigen Osteoblasten differenzieren sich aus dem umgebenden normalen Knochenmark. Dies erklärt die ring- oder bogenförmige Architektur dieser Art der Knochenneubildung (Abb. 5.**5**, s. auch S. 87).

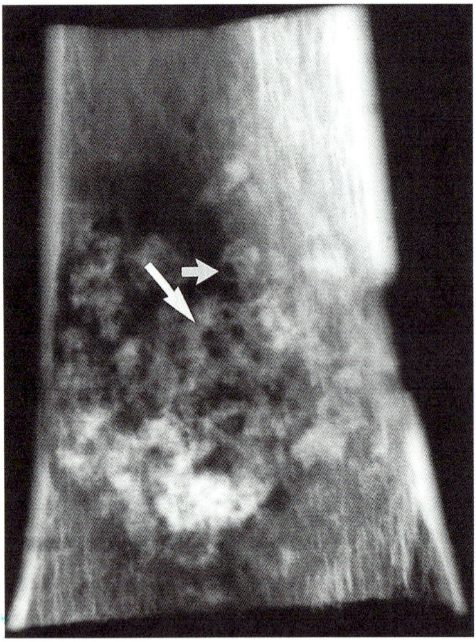

Abb. 5.**5** Präparateradiographie eines Enchondroms mit chondraler Knochenneubildung (Pfeile) und irregulärer Verkalkung.

Tumoröse Knochenneubildung

Auch neoplastische Zellen können Osteoid bilden, das sekundär mineralisiert wird. Diese Tumoren werden zu den knochenbildenden Tumoren zusammengefaßt: Osteosarkome, Osteoblastome, Osteoidosteome, Osteome.

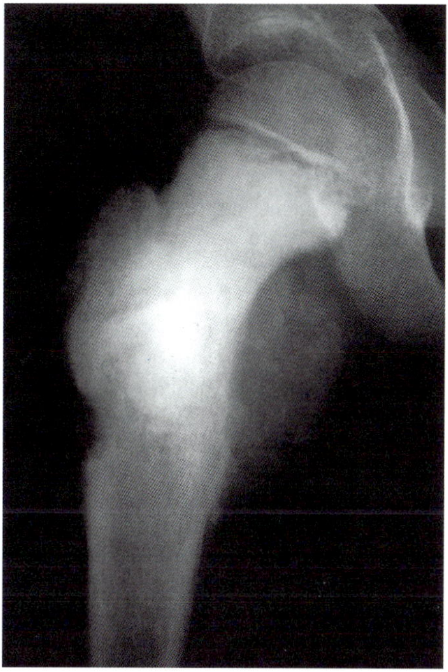

Abb. 5.**6** Tumoröse Knochenneubildung bei einem Osteosarkom. Vergleiche den Bildcharakter (mehr flächig, mit unscharfem Rand) mit dem Enchondrom aus Abb. 5.**5**.

Knorpelige Matrix

Zum Verständnis

Der physiologische Ablauf der enchondralen Knochenneubildung von der Proliferation der Knorpelzelle über die Knorpelsekretion, die vorläufige *Kalzifikation* und letztendlich den *Ersatz durch Knochen* (S. 86) wird von *tumorösen* knorpelproduzierenden Zellen imitiert. Der Unterschied liegt jedoch darin, daß die (physiologische) Ordnung dieses Ablaufes fehlt. Voraussetzung für die röntgenologische Erkennung der knorpeligen Matrix ist die *Kalzifikation* (besser **Mineralisation,** da auch andere anorganische Salze beteiligt sind).

Knorpelmatrixproduzierende Tumoren sind Chondrome, Osteochondrome, Chondroblastome und Chondrosarkome sowie Chondromyxoidfibrome (Abb. 5.**5** und 5.**10**).

Man muß sich darüber im klaren sein, daß bei knorpelproduzierenden Tumoren die Kalzifikation und die Knochenneubildung häufig nebeneinander vorkommen und dies radiologisch nicht leicht zu trennen ist.

Dystrophische Mineralisation (oder Kalzifikation)

Definition: Ablagerung von Mineralien, speziell Calciumphosphaten und -carbonaten, in degeneriertem bzw. nekrotischem Gewebe.

Es handelt sich per definitionem gar nicht um eine Matrix, da nekrotisches Gewebe keine *inter*zelluläre Substanz, sondern diese nur Teil des Ganzen ist. Untergegangen sind die Zellen. Aufgrund der ähnlichen Röntgenmorphologie wird diese Form der Mineralisation hier besprochen.
Die dystrophische Mineralisation betrifft insbesondere untergegangene Fettzellen im Rahmen einer Ischämie sowie die im Zentrum von Lipomen auftretenden Nekrosen (Abb. 5.**7**). Andere Ursachen für eine dystrophische Kalzifikation sind die durch Radiatio induzierten Nekrosen sowie Blutungen und Nekrosen in einer Vielzahl von Sarkomen.

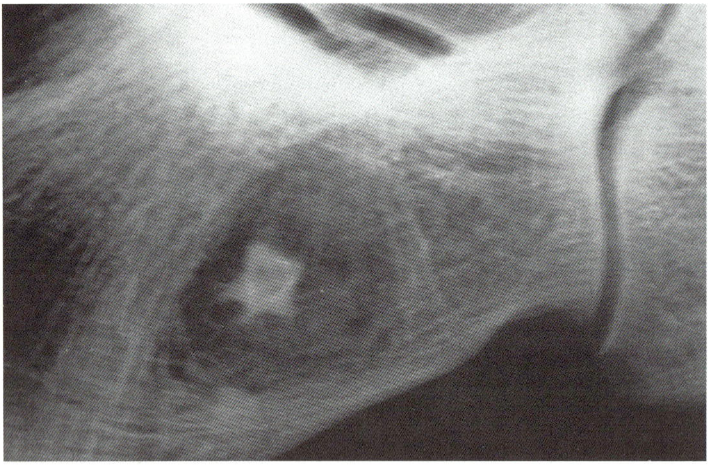

Abb. 5.**7** Dystrophische Mineralisation in einem Lipom.

Regeln für die radiologische Beurteilung einer Matrix

Die Beurteilung der Matrix ist mitunter außerordentlich schwierig. Oft ist es sogar unmöglich, zu entscheiden, ob überhaupt eine Matrixproduktion vorliegt oder ob die kalkdichten Areale im Innern einer Läsion die Reste des ursprünglich vorhandenen Knochens darstellen. Dies gilt besonders bei gemischten Läsionen und multizentrischen Aufhellungen. Auch die Abgrenzung von einer sich summierenden (z.B. soliden) Periostreaktion ist nicht immer möglich. Hier kann unter Umständen der Einsatz anderer bildgebender Verfahren weiterhelfen (konventionelle Tomographie, CT, MRT). Gelingt es, eine Matrix zu identifizieren und zu analysieren, so sollen folgende Regeln zu ihrer Einordnung in die genannten Gruppen helfen:

Regel 1 Eine **tumoröse** knöcherne Matrix ist dann radiologisch zu diagnostizieren, wenn flächige, große Verdichtungsbezirke vorliegen. Diese können dicht und elfenbeinartig oder auch weniger dicht und wolkig zur Abbildung kommen (Abb. 5.**8**). Grobe, dichtstreifige, konfluierende Areale weisen ebenfalls auf eine knöcherne Matrix hin.

Regel 2 Demgegenüber ist eine **reaktive** knöcherne Matrix ausgesprochen vielgestaltig, das Spektrum reicht von homogen-flächig über fleckige Formen bis hin zu linearen Verdichtungen.

Regel 3 Der durch **metaplastische** Knochenneubildung entstandene Knochen unterscheidet sich in seinem radiologischen Erscheinungsbild vom „normalen" Knochen. Aufgrund seines trüben Aussehens spricht man vom sog. Milchglasphänomen (typisches Beispiel: fibröse Dysplasie, Abb. 5.**3** und 5.**9**). Ist die metaplastische Knochenneubildung **ischämisch** bedingt, so sind die Verdichtungen oft linear, wie eine gezogene Linie um ein Areal, aber auch fleckig und flächig.

Regel 4 **Knorpelige** Matrix weist im Unterschied zu allen Formen der knöchernen Matrix vor allem ein stippchenförmiges, flockiges, punkt-, ring- oder kommaförmiges Verkalkungsmuster auf (Abb. 5.**10**).

Regel 5 Mineralisation von **dystrophischem** Gewebe zeigt ebenfalls stippchenförmige, flockige, mitunter auch fleckige Kalzifikationen. Diese Form der Mineralisation läßt sich daher oft nicht von der knorpeligen Matrix und der metaplastischen Knochenneubildung unterscheiden.

Merke:
Kalzifikation und Ossifikation sind radiologisch häufig nicht zu unterscheiden. Die Trabekel und der Nachweis einer kortikalisähnlichen Struktur sind röntgenologisch die *einzigen Beweise* für eine *knöcherne* Struktur (Abb. 5.**11**). Sie müssen aber röntgenologisch nicht sichtbar sein (obwohl histologisch vorhanden).
Kleine, irreguläre Kalkspritzer sind schwierig einzuordnen (knorpelige Matrix? metaplastische Knochenneubildung? dystrophische Mineralisation? zerstörte Knochenreste?).

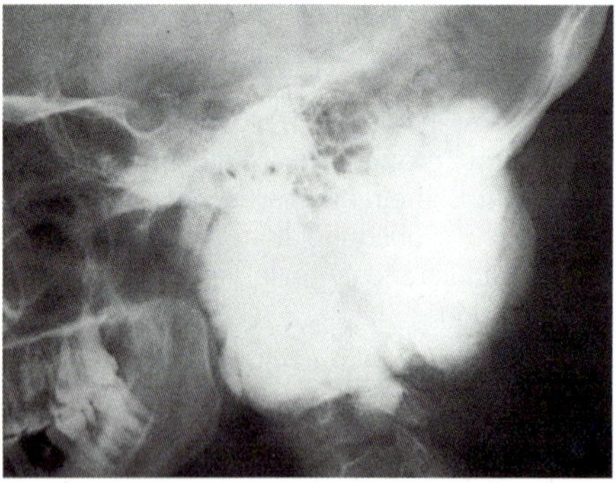

Abb. 5.**8** Knöcherne Tumormatrix bei einem Riesenosteom. In diesem Fall sehr dichtes, elfenbeinartiges Erscheinungsbild.

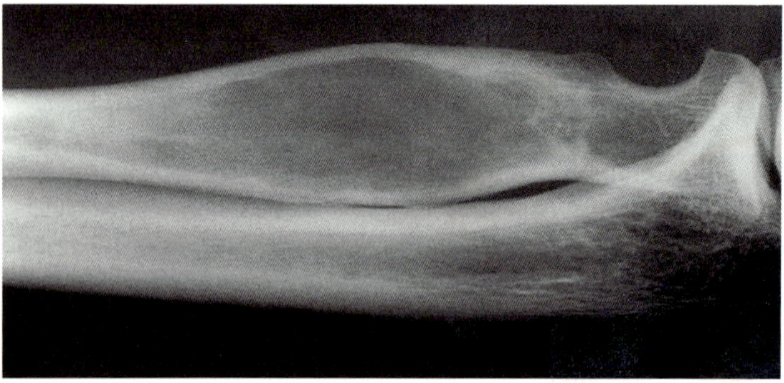

Abb. 5.**9** Fibröse Dysplasie. Um auch im konventionellen Röntgenbild den Milchglaseffekt der metaplastischen Knochenneubildung zu erkennen, muß man schon genauer hinsehen (s. CT Abb. 5.**3**).

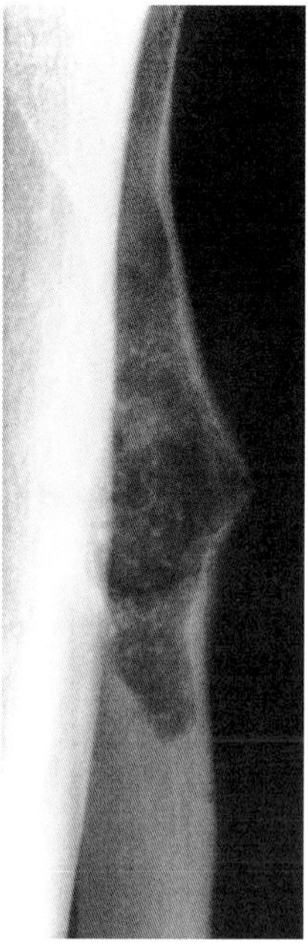

Abb. 5.**10** Knorpelige Matrix im Inneren eines Enchondroms der Fibula. Stippchen- und punktförmige Morphologie.

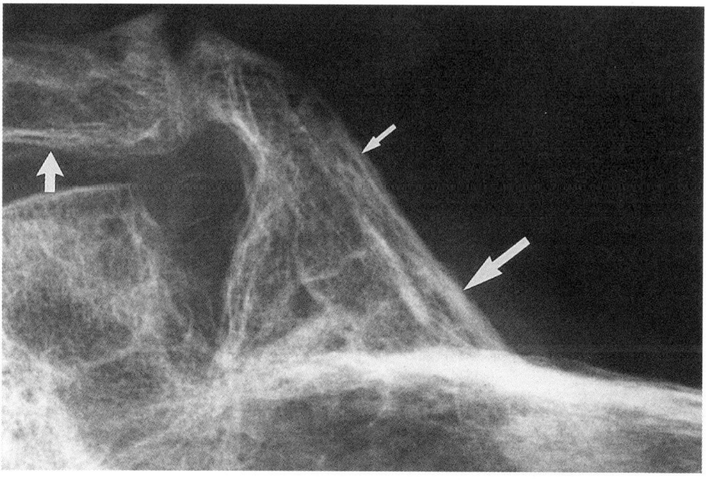

Abb. 5.**11** Posttraumatische Verkalkung nach Humerusfraktur (starke Ausschnittvergrößerung, das Bild wurde um 90° gedreht). Die Spongiosierung sowie die Bildung einer „Kortikalis" (Pfeile) beweisen die sekundäre Ossifikation.

Verkalkungen und Verknöcherungen in den Weichteilen

Merke:
Die obengenannten grundlegenden Matrixveränderungen gelten auch für die Weichteile.

Cave!
Die folgenden Begriffe sollte man definieren und unterscheiden.

Metastatische Verkalkungen (besser: **metabolische Verkalkungen**): („Metastase“ heißt hier, das Calcium wird körperweit verteilt). Ursache ist eine Störung des Calcium- und Phosphorstoffwechsels. Klassische Beispiele: Hyperparathyreoidismus (Abb. 5.**12**), Sarkoidose.

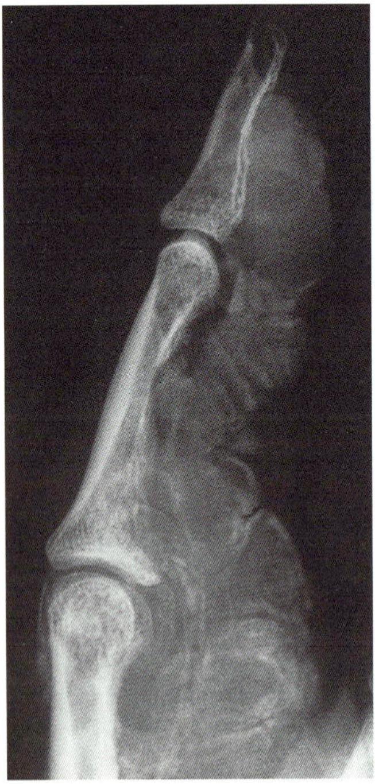

Abb. 5.**12** Metastatische Verkalkung bei Hyperparathyreoidismus.

Kalzinose: Kalkablagerungen in der Haut und im subkutanen Gewebe bei normalem Calciumstoffwechsel (z. B. Kollagenosen, idiopathische Kalzinose; Abb. 5.**13**).

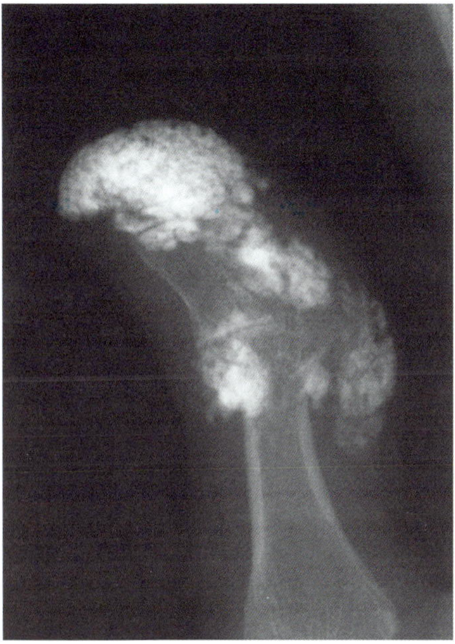

Abb. 5.**13** Kalzinose bei Sklerodermie.

Dystrophische Kalzifikation (s. oben): Kalkablagerung in verletztem oder avitalem, nekrotischem Gewebe (s. Abb. 5.**7**).

Tumorale Kalzinose: Darunter wird eine Erkrankung verstanden, die mit prominenten, periartikulären Verkalkungen – speziell der großen Gelenke – einhergeht. Die ätiologisch unklare Erkrankung ist wahrscheinlich erblich und manifestiert sich ab der zweiten Lebensdekade.

Myositis ossificans: Metaplastische Knochenneubildung in den Weichteilen. Eine Traumaanamnese ist nicht immer zu erheben, spontane Formen kommen vor. Es handelt sich nicht um eine Entzündung („-itis"); aber damit ist das Wissen über diese Läsion weitgehend erschöpft (Abb. 5.**14a** u. **b**).

a

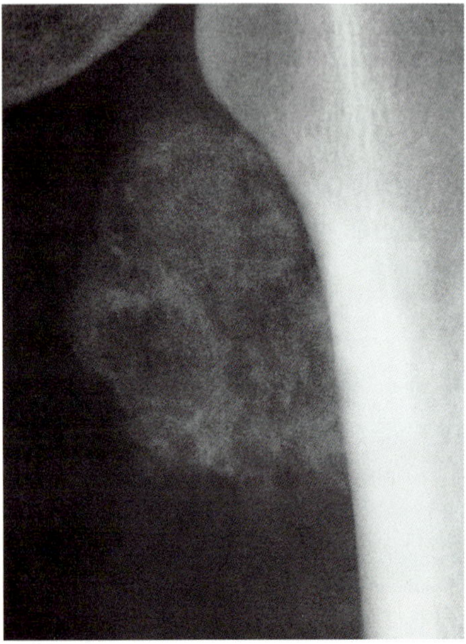

b

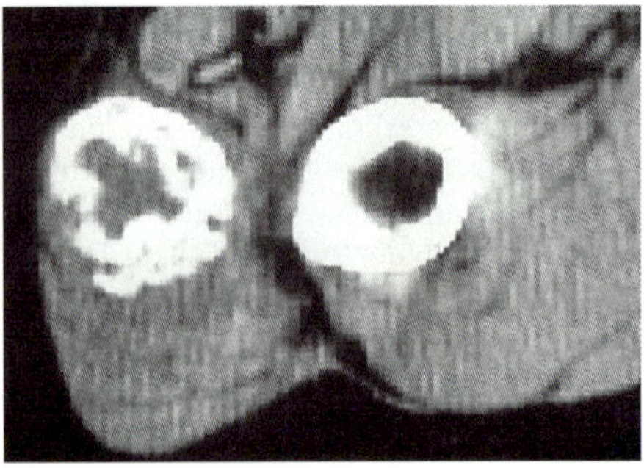

Abb. 5.**14** Myositis ossificans. **a** Röntgenübersicht, **b** CT.
An diesem Fall kann man zweierlei lernen:

1. Obwohl in der Röntgenaufnahme vorgetäuscht, liegt der Prozeß *nicht* direkt neben dem Knochen.
2. In der Röntgenübersicht hat man den Eindruck einer homogenen Verdichtung, das CT zeigt aber die randständige Lage der Knochenneubildung.

6. Zuordnung zu einer Krankheitsgruppe: der erste Schritt zur Differentialdiagnose

Bisher wurde eingehend auf die Analyse einer ossären Läsion im Röntgenbild eingegangen, und für viele radiologische Zeichen wurden häufige Differentialdiagnosen aufgezeigt. Im klinischen Alltag muß auf die Bildanalyse die Erstellung einer Differentialdiagnose (und evtl. Diagnose) erfolgen, die alle im individuellen Fall vorliegenden Informationen gleichzeitig berücksichtigt – es verbleibt sozusagen das vierte und fünfte „D" (S. 9).

Zwar ist es nicht Aufgabe dieses Buches, auf die Skeletterkrankungen im einzelnen einzugehen; dennoch sollen in diesem Abschnitt auch für diesen Teil der Bildbefundung Leitlinien zur *prinzipiellen Herangehensweise* aufgezeigt werden.

Bei der Durchsicht der differentialdiagnostischen Tabellen fällt auf, daß man viele Erkrankungen in fast jeder Tabelle wiederfindet. In der Tat gibt es Erkrankungen, die sich in nahezu jeder erdenklichen Form manifestieren können; zu nennen sind hier vor allem die Entzündungen, Metastasen, das maligne Lymphom sowie einige primäre Knochentumoren. Andere Erkrankungen besitzen eine typische Erscheinungsform, in aller Regel darf diese jedoch nicht als zwingend angesehen werden – Ausnahmen bestätigen schließlich die Regel. So wird beispielsweise ein Osteosarkom in aller Regel eine knöcherne Matrix bilden, eine Periostreaktion aufweisen und die Kortikalis destruieren; selten gibt es jedoch auch Fälle, in denen nur eine Osteolyse ohne Begleitphänomen vorliegt.

Um in der Vielfalt der Diagnosen nicht die Orientierung zu verlieren, hat es sich bewährt, die analysierten Röntgenzeichen hinsichtlich der Wachstumsrate zu bewerten und sich dann zu fragen, um welche Krankheits*gruppe* es sich handeln könnte. Man sollte sich dazu erziehen, systematisch zu fragen: Könnte die Läsion bedingt sein durch ...?

Trauma

Unter praktischem Gesichtspunkt ist das Trauma sicher die häufigste Anforderung an die bildgebende Diagnostik. Einzuschließen sind Frakturen, (Sub-)Luxation, Deformierung und Dislokation der Knochen und Gelenke. Verletzungen der Muskulatur, der Sehnen, Bänder und Ligamente sind bildgebend ebenfalls zunehmend zu erfassen (Sonographie, MRT).
Eine wichtige Indikation zur Bildgebung sind Verletzungen des hyalinen und fibrösen Knorpels sowie der Disci (Wirbelsäule, Kiefergelenk, Handgelenk), wobei hier die Grenze zwischen traumatischer und degenerativer Veränderung häufig mit zunehmendem Alter unscharf wird.
Eventuelle Traumafolgen sind Weichteilverkalkungen und freie Gelenkkörper.

Entzündungen

Es geht um entzündliche Erkrankungen des Knochens (akute, chronische Osteomyelitis), der Gelenke (septische Arthritis) und der Weichteile. Eine Sonderform der Entzündungen stellen Spondylitis und Spondylodiszitis an der Wirbelsäule dar. Nur ansatzweise (z. B. bei der Tuberkulose, Echinokokkus) sind mit bildgebenden Methoden Hinweise zum Erregertyp möglich.

Tumoren und tumorähnliche Läsionen

Metastasen, primär benigne und maligne Knochentumoren, aber auch tumorähnliche Läsionen (z. B. Knochenzyste, fibröse Dysplasie, Histiocytosis X) bilden eine große Gruppe der fokalen Knochenläsionen. Die Analyse der durch sie hervorgerufenen Knochendestruktion bzw. der durch sie induzierten Reaktion des Knochens auf die Läsion gibt wertvolle Hinweise zur Artdiagnose und/oder zur Bestimmung der Wachstumsrate bzw. Dignität (benigne/maligne). Die bildgebende Diagnostik, insbesondere auch die Röntgenaufnahme, ist hier von größter Bedeutung und ergänzt die histologische Beurteilung.
Die Diagnose von Weichteiltumoren ist vor allem den Schnittbildverfahren (Sonographie, CT und MRT) vorbehalten.

Nicht vergessen: Primäre maligne Knochentumoren sind extrem selten (die wichtigsten sind Osteosarkom, Chondrosarkom und Ewing-Sarkom). Die benignen Tumoren oder tumorähnlichen Läsionen sind dagegen häufig (Osteochondrom, Enchondrom, Osteoidosteom, eosinophiles Granulom).
Bei den Karzinomen ist zuerst an das Mammakarzinom und das Prostatakarzinom – jeweils ein Drittel der Fälle – zu denken. Die übrigen Tumoren teilen sich das restliche Drittel. Bei ossärer Metastasierung liegt in 80% ein (Mit-)Befall der Wirbelsäule vor.

Hämatologische Erkrankungen

Hier sind alle malignen Erkrankungen des Knochenmarks (maligne Lymphome, Leukämie, Plasmozytom), Anämien (Sichelzellanämie, Thalassämien), aber auch die Osteomyelosklerose und Mastozytose einzubeziehen.

Ischämische Erkrankungen

Obwohl in ihrer Pathogenese vielfach noch ungeklärt, bilden sie ein ausgesprochen wichtiges Spektrum osteoartikulärer Erkrankungen. Es geht um die in der Regel subchondral gelegenen Osteonekrosen (Femur, Humerus, Metatarsalknochen), aber auch den Knocheninfarkt. Auch Skelettveränderungen bei Diabetes sind zu berücksichtigen.

Metabolische, hormonelle, nutritive, toxische Erkrankungen

Hier handelt es sich um ein breites Spektrum von Erkrankungen, die entweder selten sind oder nur im Einzelfall einer radiologischen Beurteilung des Skeletts bedürfen. Im Vordergrund stehen Osteoporose, Osteomalazie, Hyperparathyreoidismus. Ein Beispiel für toxische Veränderungen wäre die Fluorose.

Kongenitale Erkrankungen

Eine breite Skala seltener Erkrankungen ist hier einzuordnen, die sich schwerpunktmäßig postpartal und im Kindesalter manifestieren (z. B. Osteogenesis imperfecta, Osteoporose, Achrondroplasien u. a.).

Ätiologisch nicht zuzuordnende Erkrankungen

Hierunter fällt der Morbus Paget.

Merke:
Um sich diese ätiologische Klassifikation besser einprägen zu können, hat sich im Englischen das Wort „victim" (deutsch: Opfer) bewährt.

V	ascular	(ischämische Erkrankungen)
i	nflammatory	(Entzündungen)
c	ongenital	
t	umor und **t**rauma	
i	diopathic	(ungeklärte Ursache)
m	etabolic	(auch an die anderen systemischen Knochenerkrankungen denken, S. 97)

Für die hämatologischen Erkrankungen bleibt bei dieser Eselsbrücke kein Platz. Trotzdem nicht vergessen!

7. Exemplarische Beispiele

Mit zwei Beispielen soll dem Leser/der Leserin die Möglichkeit einer exemplarischen Beurteilung einer fokalen Knochenläsion gegeben werden.

Beispiel 1

Ein 6jähriger Knabe ist gestürzt und hat Schmerzen am Ellenbogen.

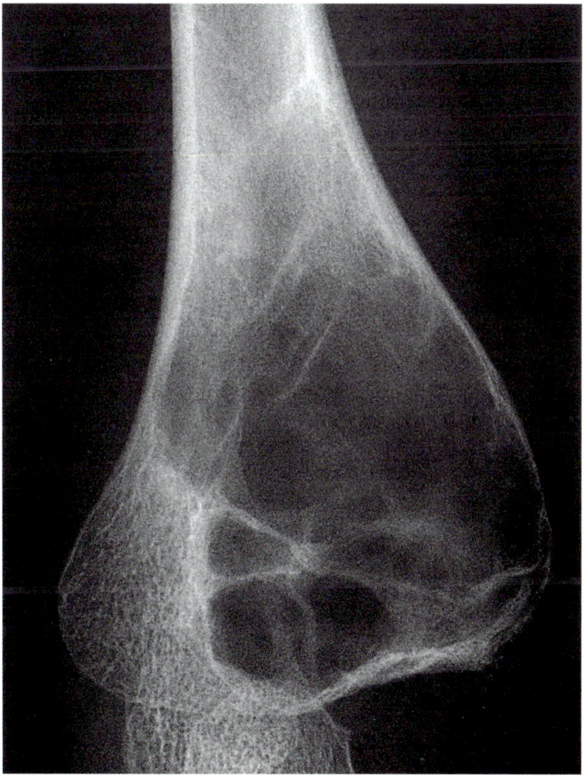

Abb. 7.**1**

1. Häufigkeit
2. Lokalisation

Wir finden eine umschriebene, solitäre Veränderung mit Zentrum in der distalen Humerusmetaphyse. Es handelt sich um eine *fokale* Läsion, die sich nach distal bis in die

3. Ausbreitung

Epiphyse ausbreitet. Nach proximal reicht die Läsion bis zum Übergang Meta-/Diaphyse. Da Weichteile und Gelenk nicht mitbetroffen sind und sie zentral liegt, geht sie

4. Ausgangspunkt

eindeutig vom Knochen aus.

Betrachtet man die Läsion zunächst als Ganzes, so ist sie als *solitäre Aufhellung* zu beschreiben. Bitte interpretieren Sie die Veränderung *nicht* als multizentrische Aufhellungen; die innerhalb der Läsion gelegenen Verdichtungslinien entstehen durch Trabekel, die vom Rand ins Innere der Läsion ziehen.

5. Art der Veränderung

6. Berandung

Der Rand der Läsion ist *scharf* abgrenzbar, ein *Sklerosesaum* liegt nur teilweise vor.

7. Kortikalis

Was halten Sie von der Kortikalis? Sie ist dünn. Handelt es sich um eine endostale Verdünnung? Es liegt doch eine *Expansion* des Knochens vor. Sie erinnern sich sicherlich daran, daß dies immer eine Zerstörung der ursprünglichen Kortikalis bedeutet. Was wir im vorliegenden Bild sehen, ist also eine *Knochenschale („Neokortex“).* Falls Sie sich nicht erinnern konnten, dann schlagen Sie noch einmal auf S. 62 nach.

8. Expansion des Knochens

9. Periost

Nun zur Periostreaktion. Bitte sagen Sie nicht, es läge keine Periostreaktion vor, da doch die äußere Knochenkontur so schön glatt zur Darstellung kommt. Der Neokortex **ist** eine Periostreaktion! Sie ist hier *solide, trabekuliert* und nicht unterbrochen.

10. Matrix

Verbleibt nur die Frage nach einer Matrix. Da wir bereits erkannt haben, daß die Verdichtungslinien nur eine Projektion der trabekulierten Periostreaktion darstellen, werden Sie die Auffassung teilen, daß nur eine reaktive, aber keine tumoröse Matrixproduktion nachweisbar ist.

Stopp! In den „fünf D" sind Sie schon weit vorangekommen. Sie haben in Abb. 7.**1** die Läsion *entdeckt* (einfach!), Sie haben sie *beschrieben,* aber bevor Sie jetzt die Differentialdiagnose oder gar Diagnose stellen, sollten Sie sich über die grundlegende Natur der Läsion im klaren werden *(„Discuss").* Es handelt sich um eine solitäre Läsion. Aber wächst sie langsam, schnell oder liegt die Wachstumsrate in der Mitte?

Wachstumsrate

Die Art der Läsion (solitäre Aufhellung) gibt uns hierzu keinen Hinweis (s. Tab. 4.**1**). Jedoch ist die Konstellation *scharfe* Berandung mit *solider Periostreaktion* in Form eines nicht unterbrochenen Neokortex eindeutig als *latent* einzustufen. Die Wahrscheinlichkeit, daß es sich um eine benigne Läsion handelt, ist sehr groß.

Dignität

Nun schauen Sie sich die Differentialdiagnose der solitären Aufhellung (Tab. 3.**1**) an und streichen gleich alle Erkrankungen, die nicht in einer latenten Form existieren. Wir haben uns ja darauf geeinigt, daß es sich höchstwahrscheinlich um eine benigne Läsion handelt. Metastasen, maligne hämatologische Erkrankungen und maligne primäre Knochentumoren scheiden aus. Es bleibt noch immer eine ganze Reihe: Knochenzyste, chronische Osteomyelitis, Brodie-Abszeß, benigne primäre Knochentumoren und tumorähnliche Läsionen, brauner Tumor, hämatologische Erkrankungen. Um hier etwas Klarheit zu schaffen, müssen wir uns an die „Essentials" erinnern: Ein bisher **gesunder** (Osteomyelitis, Brodie-Abszeß unwahrscheinlich), **6jähriger** (brauner Tumor fällt weg) Knabe mit einer **solitären** (hämatologische Erkrankungen fallen weg) Läsion im Humerus. Auch unter den asymptomatischen, primären Knochentumoren und tumorähnlichen Läsionen läßt sich die Mehr-

Differentialdiagnose

Diagnose: juvenile Knochenzyste

zahl ausschließen, wenn man das Alter des Jungen, den metaphysären, zentralen Sitz, das Fehlen einer tumorösen Matrix sowie die Lokalisation im Humerus berücksichtigt. So bleibt als weitaus wahrscheinlichste Diagnose die *juvenile Knochenzyste,* auch wenn diese im klassischen Fall einen stärkeren Sklerosesaum aufweist. Differentialdiagnostisch wären allenfalls noch eine aneurysmatische Knochenzyste (sieht ähnlich aus, in dem Alter aber sehr selten) oder eine monostotische fibröse Dysplasie in Erwägung zu ziehen. Für letztere fehlt die milchglasartige Matrix. Auch ist bei der fibrösen Dysplasie der Sklerosesaum in der Regel stärker ausgeprägt.

Die Läsion ist also ein Zufallsbefund und hat mit dem Trauma nichts zu tun. Bei einem Sturz auf den Ellenbogen hätte es jedoch leicht zu einer pathologischen Fraktur kommen können.

Beispiel 2

Abb. 7.**2** zeigt einen Befund am Metatarsale II eines 61jährigen Mannes. Die Fragestellung auf dem Röntgenschein lautet: Lyse? Keine weiteren Angaben.

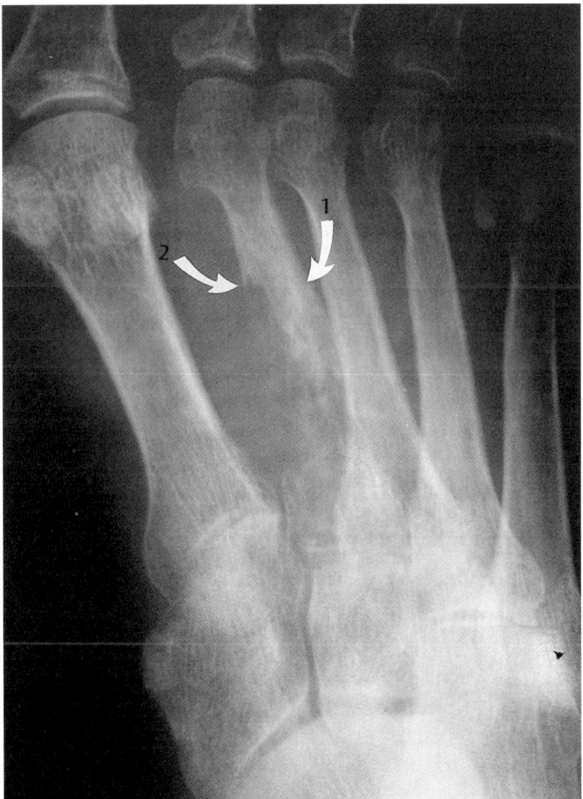

Abb. 7.**2**

1. Häufigkeit

2. Lokalisation

Soweit beurteilbar, handelt es sich um eine solitäre Läsion, die von der proximalen Epi- bis zur Diaphyse des Metatarsale II reicht. Trotz Überlagerung des Metatarsale III ist zu erkennen, daß die Zirkumferenz des ganzen Knochens teilweise betroffen ist. Deshalb handelt es sich mit hoher Wahrscheinlichkeit um eine vom *Zentrum* des Knochens ausgehende Läsion.

3. Ausgangspunkt

Anfang und Ende der Läsion sind erkennbar, die umgebenden Knochen sind vielleicht etwas dichtegemindert (fotografisch nicht leicht darzustellen), aber das wäre in diesem Alter nichts Ungewöhnliches. Also, es handelt sich um eine *fokale* Läsion.

4. Ausbreitung

Die Vermutung, daß die Läsion vom Zentrum des Knochens ausgeht (s.o.), spricht gegen eine Läsion, die von außen, von den Weichteilen den Knochen zerstört hat. Da sich die Veränderung weit in die Diaphyse erstreckt und die Kontur des Os cuneiforme intermedium intakt ist, geht sie auch nicht vom Gelenk aus. Also primär ossäre Läsion mit Weichteilinfiltration (zu vermuten) und Gelenkflächenbeteiligung.

5. Art der Läsion

Es liegt ein typisches *Mottenfraßmuster* vor. Wenn Sie sich für „multizentrische Aufhellungen“ oder „gemischte Läsion“ entschieden haben, so vergleichen Sie nochmals die Abb. 3.**5** und 3.**7** (S. 38, 40).

6. Berandung

7. Kortikalis

Die Läsion ist *unscharf berandet*, die *Kortikalis* ist *zerstört*.

8. Periost

Eine Periostreaktion ist nur zu vermuten. Eine zweite Ebene wäre hilfreich. Zieht man gedanklich äußere Begrenzungslinien des Knochens, wäre die Diaphyse dicker als normal (vergleichen Sie mit Os metatarsale III und IV). Deshalb ist eine unterbrochene, solide Periostreaktion wahrscheinlich (Pfeil 1).

Zudem ist es möglich, daß die feine Linie medialseitig distal eine unterbrochene Lamelle andeutet – hierüber ließe sich streiten (Pfeil 2).

9. Matrix

Zur Matrix: Sicherlich ist es oft schwierig, bei vorliegenden Verdichtungsarealen Knochenreste und Periostreaktionen (die ja eine reaktive Knochenneubildung darstellen) von einer anderen, z.B. tumorösen Matrixproduktion zu trennen. Im vorliegenden Fall liegen die dichteren Areale dort, wo die Destruktion am geringsten (lateralseitig) und die Periostreaktion zu vermuten ist. Je weiter man in den „Hauptbefund" gelangt, um so transparenter wird die Läsion, und im Bereich der Weichteilinfiltration finden sich gar keine Verdichtungen mehr. Es handelt sich hier also lediglich um Knochenreste bei mottenfraßartiger Destruktion; es findet *keine tumoröse Matrixproduktion* statt (zumindest keine radiologisch sichtbare).

Wachstumsrate

Wie haben Sie nun die vorliegenden Röntgenzeichen interpretiert? Sicherlich haben Sie erkannt, daß ein *aggressives* Wachstum vorliegt. Ein Blick auf Tab. 4.**1** und 4.**2**! Bei mottenfraßartiger Läsion sind Metastasen, akute Osteomyelitis, Sarkome und Leukämie in die Differentialdiagnose mit einzubeziehen. Es wird im vorliegenden Fall mit diesem Bild allein nicht gelingen, die Differentialdiagnose wesentlich einzugrenzen. Das Alter des Patienten schließt einige primäre Knochentumoren aus, die fokale Form paßt schlecht zu einer Leukämie. Der Sitz im kleinen Röhrenknochen macht ein Plasmozytom und ein malignes Lymphom etwas weniger wahrscheinlich, da beide Erkrankungen diesen Skelettabschnitt meist erst im sehr fortgeschrittenen Stadium befallen.

Differential-diagnose

Dies gilt auch für Metastasen. Es ergibt sich also folgende Differentialdiagnose:

- akute Osteomyelitis,
- Metastase,
- primär maligner Knochentumor (z. B. Fibrosarkom),
- Plasmozytom, malignes Lymphom.

Hilfreich wäre jetzt eine Ganzkörperszintigraphie (multiple Läsionen?). Eine akute Osteomyelitis mit derartiger Knochendestruktion muß einen massiven Lokalbefund haben (Patienten anschauen!). Wie sind die Laborbefunde?

Diagnose: Plasmozytom

Um noch weiterzukommen, könnten Sie den Überweiser anrufen (hat gerade nachtdienstfrei!) oder einen alten Merksatz meiner Lehrer Dr. Otto Pohlenz und Dr. Detlef Bartelt, Hamburg, beherzigen: „Die Antwort ist immer in der Tüte". In der Tüte waren Röntgenaufnahmen vieler anderer Skelettabschnitte, die beweisend für ein Plasmozytom waren.

8. Übungen

Zum Gebrauch: Bitte nehmen Sie sich einen Zettel und versuchen Sie, wie in Kapitel 7 (Exemplarische Beispiele) das Bild zu analysieren. Auf der nächsten Seite ist die Auflösung.

Fall 1

33jähriger Patient mit Schmerzen im Bereich des mittleren Humerus.

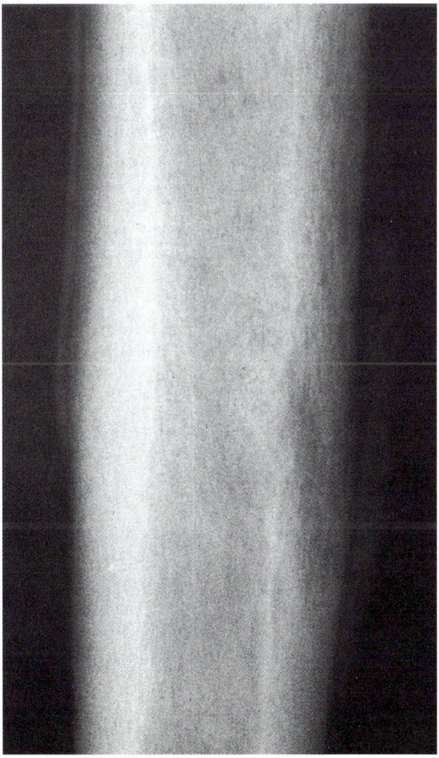

Abb. 8.1

Beschreiben Sie die Läsion.
Wachstumsrate?
Dignität?
Differentialdiagnose?

Analyse Fall 1

Lokalisation:	Humerus, diaphysär. Exzentrische Lage wahrscheinlich, aber nur durch MRT (CT) zu beweisen.
Ausbreitung:	Fokale Läsion.
Ausgangspunkt:	Knochenläsion mit Weichteilinfiltration (s. u.).
Art der Läsion:	„Mottenfraß".
Berandung:	Die Berandung der Läsion ist teilweise nur angedeutet zu erkennen (die Ausschnittsvergrößerung erleichtert hier Ihre Analyse nicht!); sie ist unscharf, ein scharfer Rand und vor allem eine Randsklerose liegen auf jeden Fall nicht vor.
Kortikalis:	Zerstört, aber nicht durchbrochen (Abb. 3.**25**).
Periostreaktion:	Lamellär, unterbrochen.
Weichteilinfiltration:	Eine zerstörte Kortikalis mit unterbrochener Periostreaktion ist ein Hinweis, aber kein Beweis für eine Weichteilinfiltration.
Matrix:	Keine.
Wachstumsrate:	Aggressiv.
DD:	Metastase, akute Osteomyelitis, Sarkom, Plasmozytom, malignes Lymphom, Leukämie.
Essentials:	Alter: Plasmozytom unwahrscheinlich. Anamnese: Sie befragen den Patienten und erfahren, daß er bereits wegen eines Seminoms behandelt wurde. Klinischer Befund: Eine Rötung am Arm liegt nicht vor.
Diagnose:	Verdacht auf Metastase eines Seminoms.
Prozedere:	Es sollte eine Ganzkörperszintigraphie zur Suche nach weiteren Metastasen erfolgen. Biopsie, falls dies der einzige Befund ist. Ein Sarkom wäre dann nicht auszuschließen.

Fall 2

62jährige Patientin mit Knochenschmerzen (Femur beidseits, Unterkiefer, Rippe.

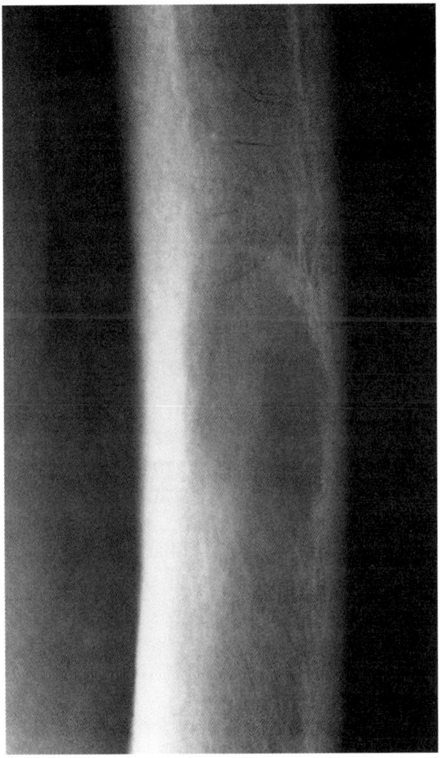

Abb. 8.**2**

Beschreiben Sie die Läsion.
Wachstumsrate?
Dignität?
Differentialdiagnose?

Analyse Fall 2

Häufigkeit:	Solitär auf diesem Bild. Die Szintigraphie ergab vier umschriebene Anreicherungen im Skelettsystem.
Lokalisation:	Diaphyse des Femurs. Zentrale Läsion.
Ausbreitung:	Fokale Läsion.
Ausgangspunkt:	Knochen.
Art der Läsion:	Solitäre Aufhellung.
Berandung:	Unscharf überwiegt („teils/teils").
Kortikalis:	Auf einer Seite endostal verdünnt.
Periostreaktion:	Keine.
Matrix:	Keine.
Wachstumsrate:	Aktiv.
DD:	Metastasen, malignes Lymphom, Plasmozytom, Hyperparathyreoidismus.
Essentials:	Seit einem Jahr werden die Zähne locker. Drei Zähne wurden schon gezogen. Hyperkalzämie (auch bei malignem Lymphom und Metastasen bekannt). Parathormon erhöht. Keine Nierenerkrankung bekannt.
Diagnose:	Primärer Hyperparathyreoidismus.

Fall 3

52jähriger Patient mit Zustand nach Amputation des Oberschenkels wegen eines Osteosarkoms (sehr ungewöhnlich in diesem Alter). Jetzt Kontrolle des Oberschenkelstumpfes wegen *leichter* Schmerzen.

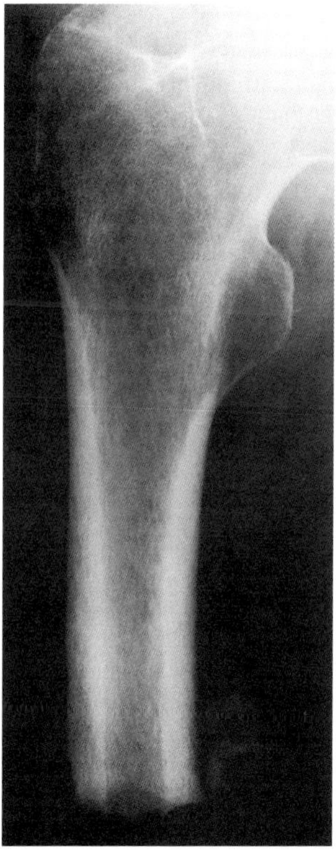

Abb. 8.**3**

Beschreiben Sie die Läsion.
Benennen Sie insbesondere die Art der Knochenläsion.
Aussage zur Wachstumsrate oder Dignität der Läsion möglich?

Analyse Fall 3

Häufigkeit:	Nur Femurstumpf betroffen. Keine multiplen Läsionen.
Lokalisation:	Meta-/Diaphyse (Epiphyse nicht genügend dargestellt).
Ausbreitung:	Der ganze Knochen(rest) ist betroffen. Ob eine regionale oder gar systemische Knochenerkrankung vorliegt, müßten weitere Aufnahmen zeigen. In unserem Fall: nein (müssen Sie jetzt glauben!).
Ausgangspunkt:	Knochen.
Art der Läsion:	*Teils permeative, teils mottenfraßartige* Darstellung des Knochenstumpfes.
Berandung:	Nicht erkennbar.
Kortikalis:	Von punktförmigen, teils größeren Aufhellungen durchsetzt (wenigstens im Original) → zerstört?
Periostreaktion:	Keine.
Matrix:	Keine.
Wachstumsrate:	Vorsicht! Das Konzept der Wachstumsrate gilt nicht für systemische und regionale Erkrankungen, und für Erkrankungen, die den ganzen Knochen betreffen, nur eingeschränkt. Liegen, wie in diesem Fall, keine Ränder einer Läsion vor, sollte man auf die Bestimmung der Wachstumsrate verzichten, um nicht auf die falsche Fährte gelenkt zu werden (s. „Merke“).
DD:	Metastase (Karzinose des ganzen Knochenabschnitts), Plasmozytom, Leukämie, malignes Lymphom, Osteoporose (bei Inaktivität), akute Osteomyelitis.
Diagnose:	Inaktivitätsosteoporose.
Kommentar:	Der Vergleich mit Voraufnahmen mit identischem Befund sowie fehlende Mitbeteiligung anderer Skelettabschnitte schlossen Metastasen aus. Klinische Hinweise auf die anderen Differentialdiagnosen gab es nicht.

Merke:
Eine ausgeprägte Osteoporose, sofern sie sich fokal manifestiert, kann wie eine aggressiv wachsende Läsion aussehen. Deswegen Vorsicht bei permeativen und mottenfraßartigen Befunden, bei denen der Knochen *vollständig* „befallen" ist.

Fall 4

27jährige Patientin. Untersuchung wegen Schmerzen und leichter Rötung im Bereich des proximalen Unterarms.

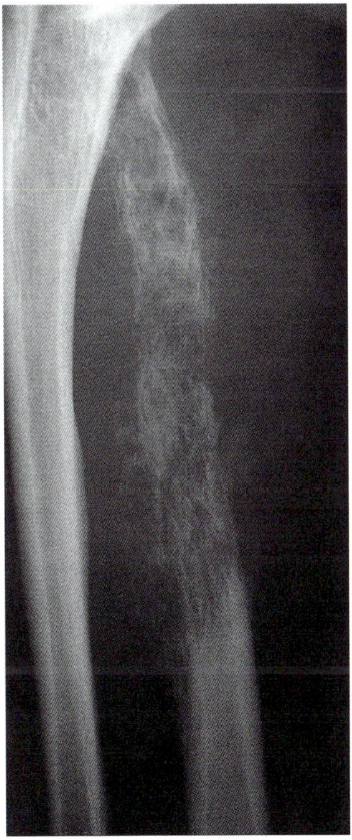

Abb. 8.**4**

Beschreiben Sie den Befund.
Wachstumsrate?
Dignität?
Differentialdiagnose?

Analyse Fall 4

Häufigkeit:	Solitäre Läsion.
Lokalisation:	Proximaler Radius, von Epi- bis Diaphyse. Da der gesamte Knochenquerschnitt betroffen ist, ist eine exzentrische Lokalisation unwahrscheinlich.
Ausbreitung:	Fokale Läsion.
Ausgangspunkt:	Vom Knochen ausgehend (das Zentrum der Läsion muß im Knochen liegen, s. Abb. 2.**1 b**). Ein Ausgangspunkt im Gelenk ist bei einer Läsion, die bis zur Diaphyse reicht, extrem unwahrscheinlich.
Art der Läsion:	Multiple, irreguläre Aufhellungen (Mottenfraß).
Berandung:	Nur gegenüber der distalen Diaphyse erkennbar (proximaler Anteil der Läsion im Bild nicht dargestellt). Hier vollständig unscharf.
Kortikalis:	Zerstört.
Periostreaktion:	Komplex.
Matrix:	Keine.
Wachstumsrate:	Aggressiv.
DD:	Metastase, Sarkom, malignes Lymphom, akute Osteomyelitis.
Essentials:	Der Lokalbefund mit (harter) Schwellung und leichter Rötung sprach eher für einen Tumor als für eine Entzündung. In diesem Alter ist die Abgrenzung der drei anderen Differentialdiagnosen schwierig bis unmöglich.
Diagnose:	Ewing-Sarkom. Histologische Sicherung notwendig.

Fall 5

Zufallsbefund bei einem 40jährigen Mann.

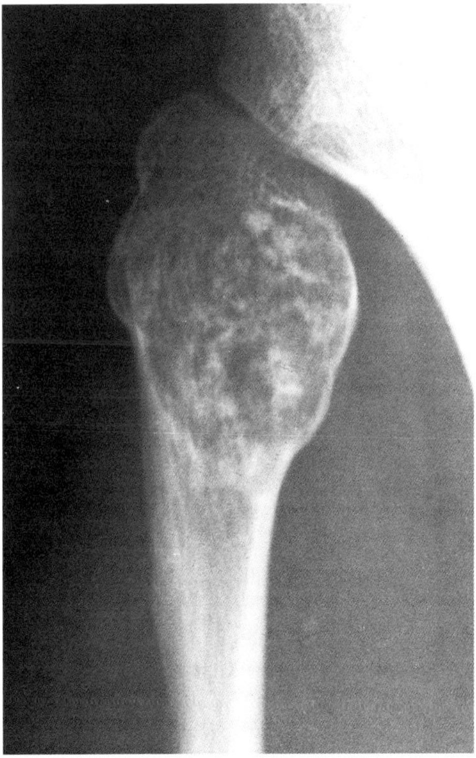

Abb. 8.**5**

Beschreiben Sie den Befund.
Wachstumsrate?
Dignität?
Diagnose!

Analyse Fall 5

Häufigkeit:	Solitäre Läsion.
Lokalisation:	Meta-/Epiphyse.
Ausbreitung:	Fokale Läsion.
Ausgangspunkt:	Knochen, zentrale Läsion.
Art der Läsion:	Gemischte Läsion.
Berandung:	Scharf, leichte Randsklerose.
Kortikalis:	Neokortex, der Knochen wirkt „aufgetrieben“ (Abb. 3.**26** und Kommentar S. 60 f.).
Periostreaktion:	Solide.
Matrix:	Knorpelige Matrix. Die Mischung aus fleck-, punkt- und ringförmigen Verdichtungen ist hierfür eigentlich typisch. Wie auf S. 89 ff. erläutert, können sich jedoch auch die ischämische Knochenneubildung sowie die dystrophe Mineralisation in dieser Form darstellen.
Wachstumsrate:	Latent.
DD:	Enchondrom, Knocheninfarkt.
Essentials:	Helfen hier nicht weiter.
Diagnose:	Enchondrom. Die Knochenexpansion mit Neokortex ist bei Enchondrom häufig, beim Knocheninfarkt im Röhrenknochen sehr selten. Auch die Beteiligung der Epiphyse spricht gegen einen Knocheninfarkt.
Prozedere:	In aller Regel ist keine Abklärung erforderlich. Bestehen Schmerzen, ist eine genauere Abklärung zum Ausschluß eines Chondrosarkoms notwendig (Szintigraphie, MRT). Die Histologie ist bei den Grenzfällen zwischen Enchondrom und Chondrosarkom eher verwirrend. Zu schnell wird die Diagnose eines Chondrosarkom Grad 1 gestellt.

Fall 6

Gelenkbeschwerden bei einem 62jährigen Mann.

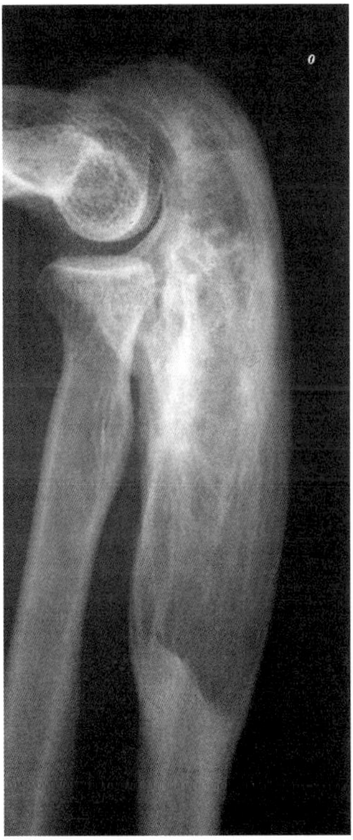

Abb. 8.**6**

Beschreiben Sie den Befund.
Wachstumsrate?
Differentialdiagnose?

Analyse Fall 6

Häufigkeit:	Hier solitär (die Erkrankung manifestiert sich jedoch auch oligoostotisch).
Lokalisation:	Proximale Epi- bis Diaphyse der Ulna.
Ausbreitung:	Fokale Läsion.
Ausgangspunkt:	Knochen, auch wenn die Läsion eindeutig bis zur Gelenkfläche reicht.
Art der Läsion:	Gemischte Läsion.
Berandung:	Nur distal erkennbar, hier scharf.
Kortikalis:	Teilweise erkennt man einen Neokortex, an anderen Stellen ist die Kortikalis nicht mehr existent, sie erscheint wie „aufgelöst". Spongiosa und Kortikalis sind teilweise nicht mehr trennbar, sie sind zu einer Struktur geworden (distal gut zu erkennen).
Periostreaktion:	Solide, nicht unterbrochen. Die ganze proximale Ulna ist größer als normal, die normale Form der Ulna wird aber imitiert. Eine Periostreaktion muß die Ursache der harmonischen Knochenvergrößerung sein.
Matrix:	Eine knorpelige und eine metaplastische Knochenneubildung scheiden aus, reaktive und/oder tumoröse Knochenneubildungen sind möglich.
Wachstumsrate:	Latent.
DD:	Morbus Paget, fibröse Dysplasie (unwahrscheinlich), Metastase (unwahrscheinlich).
Essentials:	Alkalische Phosphatase erhöht.
Diagnose:	Morbus Paget.
Kommentar:	Das harmonische Bild, der langgestreckte Befund, die angedeutete Rahmenstruktur, die teilweise fehlende Trennung zwischen Spongiosa und Kortikalis sind Befunde, die für einen Morbus Paget sprechen. Das Heranreichen der Läsion an eine Gelenkfläche ist typisch. Aufgrund der Volumenzunahme der Ulna artikulieren Ulna und Humerus nicht mehr korrekt → Ursache der Gelenkbeschwerden.

Fall 7

Starke Schmerzen im Bereich der Symphyse bei einer 50jährigen Frau.

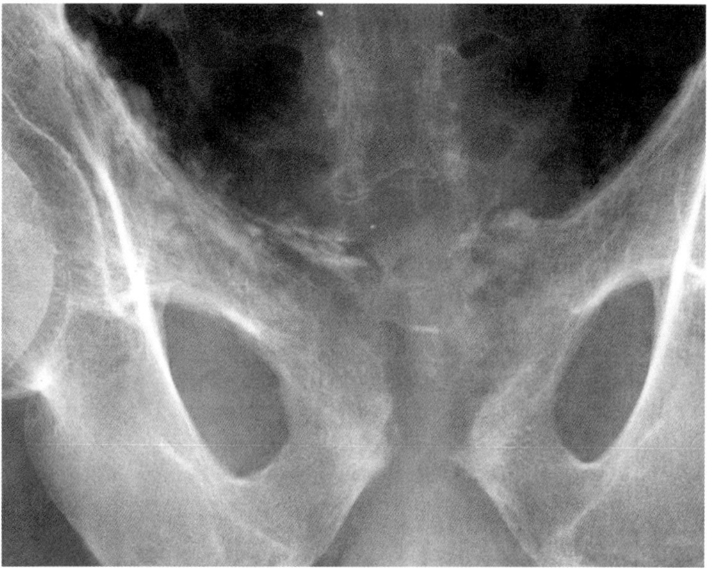

Abb. 8.**7**

Beschreiben Sie den Befund.
Wachstumsrate?
Differentialdiagnose?

Analyse Fall 7

Häufigkeit:	Solitär, sofern man die Veränderungen zu beiden Seiten der Symphyse als zusammengehörige Läsion betrachtet.
Lokalisation:	Im Os pubis beidseits am Rand (gelenkseitig).
Ausbreitung:	Regionale Erkrankung. Eine anatomische Einheit ist betroffen, nicht nur *ein* Knochen.
Ausgangspunkt:	Da die Schambeine zu beiden Seiten der Symphyse gleichermaßen verändert sind, ist die Symphyse, also ein Gelenk, als Ausgangspunkt wahrscheinlich.
Art der Läsion:	Mottenfraßartige Areale stehen im Vordergrund.
Berandung:	Unscharf, keine Randsklerose.
Kortikalis:	Partiell zerstört. Die subchondrale Grenzlamelle ist ebenfalls destruiert.
Periostreaktion:	Schwierig! Sicherlich liegt eine Periostreaktion mit nodulären Auflagerungen vor. Man könnte sie als solide und unterbrochen oder als dicke Lamelle beschreiben.
Matrix:	Keine.
Wachstumsrate:	Aggressiv.
DD:	Symphysitis (Arthritis), Synovialom.
Essentials:	Entzündungsparameter (BSG, CRP) deutlich erhöht.
Diagnose:	Symphysitis.
Kommentar:	Die gleichmäßige Beteiligung des Os pubis macht die Symphyse als Ausgangspunkt der Läsion hochwahrscheinlich. Damit engt sich die Differentialdiagnose stark ein. Die Klinik und das Labor sprechen für eine Entzündung und nicht für einen Tumor.

Fall 8

53jähriger Patient, starke Schmerzen und Rötung des Zeigefingers. Gibt an, er habe sich vor kurzem „geschnitten".

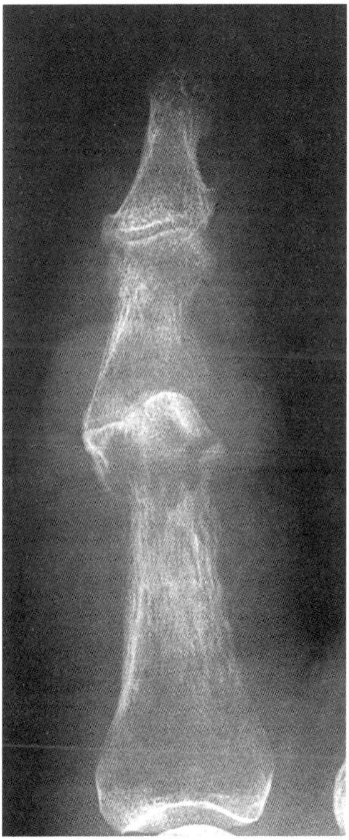

Abb. 8.**8**

Beschreiben Sie den Befund.
Wachstumsrate?
Differentialdiagnose?
Diagnose?

Analyse Fall 8

Häufigkeit:	Solitäre Läsion.
Lokalisation:	Vorwiegend metaphysär, jedoch bis in Epi- und Diaphyse der Grundphalanx reichend. Auch die restlichen Anteile der Grundphalanx und die übrigen Phalangen zeigen eine Dichteminderung.
Ausbreitung:	Fokale Läsion. Die beschriebenen Veränderungen in den anderen Phalangen werden nur als Mitbeteiligung gewertet.
Ausgangspunkt:	Schwierig! Aufgrund der vorliegenden pathologischen Fraktur nicht sicher zu entscheiden. Da die Destruktion in den zentralen Knochenabschnitten der distalen Metaphyse der Grundphalanx am ausgeprägtesten ist, ist eine vom Knochen ausgehende Läsion wahrscheinlicher.
Art der Läsion:	Mischung aus mottenfraßartigen und permeativen Aufhellungen.
Berandung:	Unscharf. Man könnte aber auch sagen, daß in der Grundphalanx keine Berandung erkennbar ist.
Kortikalis:	Zerstört, nicht nur im Bereich der pathologischen Fraktur.
Periostreaktion:	Keine.
Matrix:	Keine.
Wachstumsrate:	Aggressiv.
DD:	Akute Osteomyelitis, Ewing-Sarkom.
Essentials:	Die klinischen Angaben und Laborparameter sprachen eindeutig für einen entzündlichen Prozeß.
Diagnose:	Akute Osteomyelitis.

Fall 9

50jähriger Mann mit Schmerzen im distalen Oberschenkel. Zustand nach offenem Trauma.

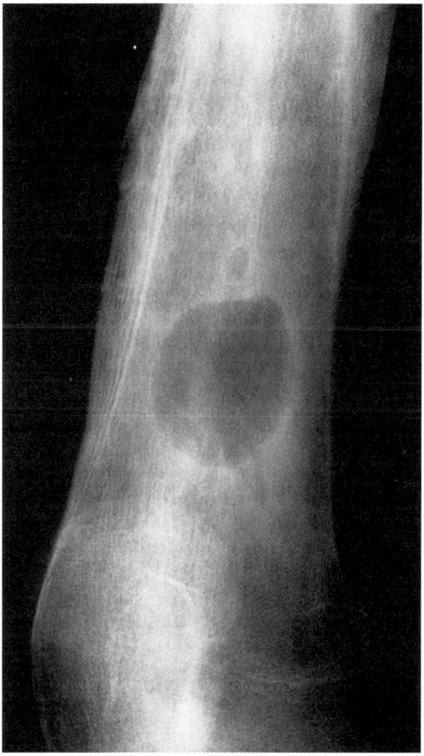

Abb. 8.**9**

Beschreiben Sie den Befund.
Wachstumsrate?
Differentialdiagnose?
Diagnose?

Analyse Fall 9

Häufigkeit:	Solitäre Läsion.
Lokalisation:	Meta- und Diaphyse im distalen Femur.
Ausbreitung:	Fokale Läsion.
Ausgangspunkt:	Knochen.
Art der Läsion:	Schwierig, je nachdem, was man in den Vordergrund stellt. 1. Es liegen eine große und kurz oberhalb eine kleinere Aufhellung vor. 2. Gleichzeitig sind Verdichtungen, wohl bedingt durch die Periostreaktion, zu sehen (flächige Verdichtungen mit Aufhellungen).
Berandung:	Zu 1.: scharf; zu 2.: Über die ganze Läsion betrachtet, haben die Verdichtungen einen unscharfen Rand (auf diesem Bildausschnitt nicht dargestellt).
Kortikalis:	Normal. Fragliche endostale Verdickung.
Periostreaktion:	Mischung aus solide und multilamellär (man hat den Eindruck, die Lamellen verschmelzen langsam).
Matrix:	Außer der reaktiven Knochenneubildung ist nichts zu erkennen.
Wachstumsrate:	Die Aufhellungen isoliert betrachtet: aktiv. Die ganze Läsion: eine Mischung aus latent und aktiv.
DD:	Chronische Osteomyelitis; Metastasen, maligne Lymphome unwahrscheinlich.
Essentials:	Anamnese hinweisend auf einen entzündlichen Prozeß (*offenes* Trauma).
Diagnose:	Chronische Osteomyelitis.

9. Weiterführende Literatur

Bullough, P. G.: Atlas of Orthopedic Pathology: With Clinical and Radiological Correlation, 2nd ed. Gower, New York 1992

Hudson, T. M.: Radiologic-Pathologic Correlation of Musculoskeletal Lesions. Williams & Wilkins, Baltimore 1987

Keats, T. E.: Normvarianten im Röntgenbild: Befunde ohne Krankheitswert. Ullstein Mosby, Berlin 1992

Köhler, A., E. A. Zimmer: Grenzen des Normalen und Anfänge des Pathologischen im Röntgenbild des Skeletts, 13. Aufl. bearb. von H. Schmidt, J. Freyschmidt unter Mitarb. von W. Holthusen. Thieme, Stuttgart 1989

Lodwick, G. S.: The Bones and Joints. Year Book, Chicago 1971

Madewell, J. E., B. D. Ragsdale, D.E. Sweet: Radiologic and pathologic analysis of solitary bone lesions. Part I: Internal margins. Radiol. Clin. N. Amer. 19 (1981) 715–748

Ragsdale, B. D., J. E. Madewell, D. E. Sweet: Radiologic and pathologic analysis of solitary bone lesions. Part II: Periostal reactions. Radiol. Clin. N. Amer. 19 (1981) 749–784

Reeder, M. M.: Reeder and Felson's Gamuts in Radiology: Comprehensive Lists of Roentgen Differential Diagnosis, 3rd ed. Springer, New York 1993

Reiser, M., E. Peters: Radiologische Differentialdiagnostik der Skeletterkrankungen. Thieme, Stuttgart 1995

Sweet, D. E., J. E. Madewell, B. D. Ragsdale: Radiologic and pathologic analysis of solitary bone lesions. Part III: Matrix patterns. Radiol. Clin. N. Amer. 19 (1981) 785–814

10. Sachverzeichnis

Halbfette Ziffern verweisen auf ausführliche Textstellen, *kursive* Zahlen verweisen auf Seiten mit Abbildungen.